职业教育无人机操控与维护专业系列教材

U0198851

无人机组装与调试

主　编　李小卓　　杨凡柳　　王冬梅

副主编　冯　生　　钱秀芳　　蔡启幸

参　编　田艳玲　　曾俊喆　　龙晓苏　　覃小慰

　　　　曾　湛　　岑小飞　　刘　方　　李陈红

主　审　杨杰忠　　朗宏芳

电子工业出版社·

Publishing House of Electronics Industry

北京·BEIJING

内 容 简 介

本书采用任务驱动教学法，以应用为目的，以具体的项目任务为载体，主要包括无人机基础知识、无人机组装材料及常用工具的使用、多旋翼无人机的组装与调试、固定翼无人机的组装与调试、无人直升机的组装与调试，共 5 个项目 23 个任务。

本书可作为职业院校、技工院校、技师学院无人机相关专业教材，也可作为无人机安装、使用、维修等岗位培训用书。

图书在版编目（CIP）数据

无人机组装与调试 / 李小卓，杨凡柳，王冬梅主编. —北京：电子工业出版社，2021.11

ISBN 978-7-121-42335-2

Ⅰ．①无… Ⅱ．①李… ②杨… ③王… Ⅲ．①无人驾驶飞机－组装 ②无人驾驶飞机－调试方法 Ⅳ．①V279

中国版本图书馆 CIP 数据核字（2021）第 227175 号

责任编辑：张　凌　　　　特约编辑：田学清
印　　刷：三河市华成印务有限公司
装　　订：三河市华成印务有限公司
出版发行：电子工业出版社
　　　　　北京市海淀区万寿路 173 信箱　　　　邮编　100036
开　　本：880×1 230　　1/16　　印张：16.5　　字数：380 千字
版　　次：2021 年 11 月第 1 版
印　　次：2022 年 10 月第 2 次印刷
定　　价：45.00 元

凡所购买电子工业出版社图书有缺损问题，请向购买书店调换。若书店售缺，请与本社发行部联系，联系及邮购电话：（010）88254888，88258888。

质量投诉请发邮件至 zlts@phei.com.cn，盗版侵权举报请发邮件至 dbqq@phei.com.cn。

本书咨询联系方式：（010）88254583，zling@phei.com.cn。

序　言

加速转变生产方式，调整产业结构，将是我国国民经济和社会发展的重中之重。要完成这种转变和调整，必须有一大批高素质的技能型人才作为坚实的后盾。可以预见，作为高技能人才培养重要组成部分的高级技工教育，在未来的 10 年必将会迎来一个高速发展的黄金期。

近年来，各职业院校都在积极开展无人机操控与维护专业高级工培养的试点工作，并取得了较好的效果。但由于起步较晚，课程体系、教学模式都还有待完善，教材建设也相对滞后，至今还没有一套适合高级技工教育快速发展需要的成体系的高质量的教材。现有的无人机操控与维护专业高级工教材也存在内容不完善，或内容陈旧、实用性不强，或形式单一的问题；无法突出高技能人才培养的特色。因此，开发一套体系完整、特色鲜明、适合理论实践一体化教学、反映企业最新技术与工艺的无人机操控与维护专业高级工教材，成了高级技工教育亟待解决的课题。

鉴于无人机操控与维护高级技工短缺的现状，广西科技商贸高级技工学校、广西民传科技有限公司与电子工业出版社从 2018 年 6 月开始，组织相关人员采用走访、问卷调查、座谈会等方式，到全国具有代表性的无人机行业企业、部分省市的职业院校进行了调研。通过这次调研，我们对目前企业对无人机操控与维护专业高级工的知识、技能要求，学校无人机操控与维护专业高级工教育教学现状，教学和课程改革情况，以及对教材的需求等有了比较清晰的认识。在此基础上，紧紧依托行业优势，以为企业输送满足其岗位需求的合格人才为最终目标，组织行业和技能教育方面的专家对编写内容、编写模式等进行了深入探讨，形成了本系列教材的编写框架。

本系列教材的编写指导思想明确，坚持以达到国家职业技能鉴定标准和就业能力为目标，以专业（工种）的工作内容为主线，以工作任务为引领，由浅入深，循序渐进，精简理论，突出核心技能与实操能力，使理论与实践融为一体，充分体现"教""学""做"合一的教学思想，致力于构建符合当前教学改革方向的，以培养应用型、技术型和创新型人才为目标的教材体系。

本系列教材重点突出三个特色：一是"新"字当头，即体系新、模式新、内容新。体系新是指把教材以学科体系为主转变为以专业技术体系为主；模式新是指把教材传统章节模式转变为以工作过程的项目任务为主；内容新是指教材充分反映了新材料、新工艺、新技术、新方法等"四新"知识。二是注重科学性。教材从体系、模式到内容符合教学规律，符合国内外无人机技术水平的实际情况。在具体任务和实例的选取上，突出先进性、实用性和典型性，便于组织教学，以提高学生的学习效率。三是具有普适性。由于当前无人机操控与维护专业高级工生源不仅有中职毕业生和高中生，还有在职员工，所以在教材内容安排上尽量照顾到了不同的求学者，适用面比较广泛。

此外，本教材还配备了电子教学数字化资源库，以及相应的习题集，实习教程和现场操作视频等，初步实现了教材的立体化。

我相信，本教材的出版，对深化职业技术教育改革，提高无人机操控与维护专业高级工培养的质量，都会起到积极的作用。在此，谨向各位作者和为这套教材出力的学者和单位表示衷心的感谢。

广西科技商贸高级技工学校校长

韦志军

前　　言

"无人机组装与调试"是技工院校、职业院校无人机操控与维护专业的核心课程。通过本课程的学习，学生可掌握无人机安装与调试相关的理论知识；了解各类无人机的基本结构和应用；初步学会无人机的组装与调试等专业技能。

本书以培养学生实践动手能力为主线，以生产生活中典型项目为载体，将无人机的相关知识融入各个工作任务中，遵循"做中教、做中学、做中练、做中考"的基本教学思路，实现完整、系统的教学设计，以提高学生的操作技能和综合应用能力。

本教材计划学时数为 136 学时，参考学时表如下，各学校可根据具体情况进行调整。

项　目	教 学 内 容	课　时
项目一	无人机基础知识	16
项目二	无人机组装材料及常用工具的使用	12
项目三	多旋翼无人机的组装与调试	42
项目四	固定翼无人机的组装与调试	30
项目五	无人直升机的组装与调试	36

本书在编写过程中得到了广西民传科技有限公司总经理赵冰蔚、广西机电技师学院杨杰忠的大力支持和技术指导，在此深表感谢！

由于编者水平有限，本书难免存在不足，恳请广大读者批评指正。

为了方便教师教学，本书还配有电子教学参考资源包（包括教学指南、电子教案、实践操作视频等）。

编　者

目　　录

项目一

无人机基础知识

 项目目标

知识目标：

1. 能掌握无人机的定义和分类及特点。
2. 能了解无人机的发展现状。
3. 能掌握多旋翼无人机、固定翼无人机和无人直升机的基本结构。
4. 能掌握无人机的系统组成及无人机控制站的功能。

能力目标：

1. 会根据实物及照片分辨出常见无人机的种类、名称。
2. 会根据实物及照片分辨出多旋翼无人机、固定翼无人机和无人直升机的基本结构。

 项目描述

本项目主要包括：认识无人机、认识无人机的基本结构、认识无人机的系统组成 3 个任务，要求通过这 3 个任务的学习，掌握无人机的分类，掌握多旋翼无人机、固定翼无人机和无人直升机的基本结构，以及无人机的系统组成及无人机控制站的功能，并学会分辨多旋翼无人机、固定翼无人机和无人直升机的组成部件。

任务 1　认识无人机

 学习目标

知识目标：

1. 能掌握无人机的定义和分类。
2. 能了解无人机的发展现状。
3. 能了解无人机的性能指标。
4. 能掌握无人机的应用及发展趋势。

能力目标：

会根据实物及照片分辨出常见的多旋翼无人机、固定翼无人机和无人直升机。

图 1-1-1 所示为常见的无人机。本任务的主要内容是：通过学习掌握无人机的定义及分类、性能指标，并能通过实物和图片分辨出常见的多旋翼无人机、固定翼无人机和无人直升机。

图 1-1-1　常见的无人机

相关知识

一、无人机的定义

无人驾驶航空器（Unmanned Aerial Vehicle，UAV），简称无人机，是一架由遥控站管理（包括远程操控或自主飞行）的航空器，也称遥控驾驶航空器（Remotely Piloted Aircraft，RPA）。无人机是利用无线电遥控设备和自备的程序控制装置操纵的不载人飞机，包括无人直升机、固定翼机、多旋翼无人机、无人飞艇、无人伞翼机等。从某种角度来看，无人机可以在无人驾驶的条件下完成复杂的空中飞行任务和各种负载任务，可以看作"空中机器人"。

无人机系统（Unmanned Aircraft System，UAS），也称无人驾驶航空器系统（Remotely Piloted Aircraft Systems，RPAS），是由一架无人机、相关的控制站、所需的指令与控制数据链路，以及批准的型号设计规定的其他部件组成的系统，如图 1-1-2 所示。

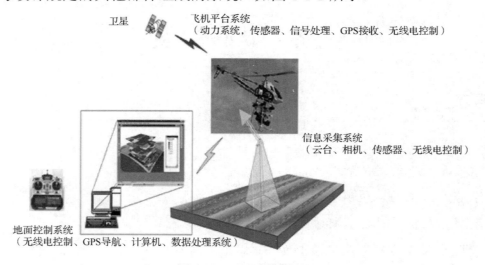

图 1-1-2　无人机系统

无人机系统驾驶员，是指由运营人指派对无人机的运行负有职责并在飞行期间实时操纵无人机飞行的人。无人机系统机长，是指在系统运行时间内负责整个无人机系统运行和安全的驾驶员。

二、无人机的分类

由于无人机具有多样性，出于不同的考量无人机有不同的分类方法，可按飞行平台构型、用途、尺寸大小、活动半径、任务高度等进行分类。

1．按平台构型分类

按平台构型，无人机可分为固定翼无人机、无人直升机和多旋翼无人机三大平台，其他小种类无人机平台还包括伞翼无人机、扑翼无人机和无人飞艇等。固定翼无人机是军用和多数民用无人机的主流平台，最大特点是飞行速度较快；无人直升机是灵活性最强的无人机平台，可以原地垂直起飞和悬停；多旋翼（多轴）无人机是消费级和部分民用无人机的首选平台，灵活性介于固定翼无人机和无人直升机中间（起降需要推力），但操纵简单、成本较低。

2．按用途分类

按用途，无人机可分为军用无人机、民用无人机和消费级无人机。军用无人机可分为侦察无人机、诱饵无人机、电子对抗无人机、通信中继无人机、无人战斗机及靶机等。军用无人机是现代军事中必不可少的一员，具有无人员伤亡、隐蔽性好、使用广泛等特点。民用无人机可分为巡查/监视无人机、农用无人机、气象无人机、勘探无人机及测绘无人机等，在城市规划、灾难救援、农业植保、快递运输等领域有广泛的应用。消费级无人机主要用于娱乐、竞技、航展表演等场景。

3．按尺寸大小分类

按尺寸大小，无人机可分为微型无人机、轻型无人机、小型无人机、中型无人机及大型无人机。微型无人机，是指空机质量小于或等于 0.25kg 的无人机。轻型无人机，是指同时满足空机质量不超过 4kg，最大起飞质量不超过 7kg，最大飞行速度不超过 100km/h，具备符合空域管理要求的空域保持能力和可靠被监视能力的无人机。小型无人机，是指空机质量小于或等于 15kg 的无人机，或者最大起飞质量大于 25kg，除微型和轻型无人机外的无人机。中型无人机，是指空机质量大于 15kg，且最大起飞质量大于 15kg 但不大于 150kg 的无人机。大型无人机，是指空机质量大于 150kg 的无人机。

4．按活动半径分类

按活动半径，无人机可分为超近程无人机、近程无人机、短程无人机、中程无人机和远程无人机。超近程无人机活动半径在 15km 以内，近程无人机活动半径为 15~50km，短程无机活动半径为 50~200km，中程无人机活动半径为 200~800km，远程无人机活动半径大于 800km。

5. 按任务高度分类

按任务高度，无人机可分为超低空无人机、低空无人机、中空无人机、高空无人机和超高空无人机。超低空无人机任务高度一般为0~100m，低空无人机任务高度一般为100~1000m，中空无人机任务高度一般为1000~7000m，高空无人机任务高度一般在7000~18000m，超高空无人机任务高度一般大于18000m。

三、主流无人机简介

1. 多旋翼无人机

多旋翼无人机是一种新型的主流无人机，其优点是体积小、质量轻、噪音小、隐蔽性好，适合多空间、多平台的使用。多旋翼无人机起降较简单、方便，可以实现垂直起降、悬停、侧飞、倒飞等；飞行高度低，具有很强的机动性，能执行各种特殊任务；但飞行速度慢，难于实现高空、高速度飞行。目前市场上主流的多旋翼无人机结构简单、操作灵活、较容易维护。多旋翼无人机如图 1-1-3 所示。

图 1-1-3　多旋翼无人机

2. 固定翼无人机

固定翼无人机应用广泛，其飞行过程非常安全，有稳定的飞行平台，具有飞行航程远、飞行时间长、飞行范围大等特点，在地图测绘、监控等场景有独特优势。目前固定翼无人机多用于军用，较少用于民用。固定翼无人机在巡航条件下飞行速度非常快，要求的飞行高度较高，不能悬停，起降限制条件太多，只能按照固定航线飞行，不够灵活。固定翼无人机如图 1-1-4 所示。

3. 无人直升机

无人直升机起降方便、飞行速度适中，可以实现随时悬停，并且飞行距离长、载荷较大；但是其结构复杂、故障率高、操作难度大、维护成本较高。无人直升机如图 1-1-5 所示。

图 1-1-4　固定翼无人机

图 1-1-5　无人直升机

四、无人机性能指标

无人机主要有以下几个性能指标。

1．续航时间

续航时间是检验无人机持续完成任务能力的重要指标，执行不同类型的任务的无人机对续航时间的要求是不同的。

2．航程

决定无人机航程的因素有翼型、机体结构、携带能量、发动机等，当然无人机的控制系统对航程也有重要的影响。

3．飞行速度

对于无人机来说飞行速度也是一项重要的指标。

4．飞行高度

无人机的飞行高度就是升限，即无人机能够维持平飞的最大高度，是一项重要的指标。

5．有效载荷质量

有效载荷质量是衡量无人机能够携带任务载荷多少的重要指标。

6．爬升率

爬升率是指在一定的飞行质量和一定的发动机工作状态下，无人机在单位时间内上升的高度。

7．本体尺寸

无人机的本体尺寸能够影响其使用性能和抵抗恶劣环境的能力。

8．经济性

无人机的经济性是一项重要的指标，是由无人机执行的任务的重要性来决定的。

9．可靠性

可靠性是指无人机在执行预期任务期间，无故障运行的可能性。良好的可靠性是无人机稳定使用的重要保障。

10．发射回收方式

发射回收方式直接影响无人机的易用性。常用的发射方式有轨道发射、火箭发射、滑跑发射、空中发射和垂直起飞等；常用的回收方式有降落伞回收、空中回收、拦截网回收、起落架滑轮着陆、气垫着陆和垂直着陆等。

五、世界无人机发展历史

"无人机"一词最早在军事中使用，在近代局部军事冲突中被广泛使用。纵观无人机的发展史，军事应用总在起推动作用，军用无人机技术在 20 世纪经历了三次发展浪潮后，才真正进入一个黄金时代。

1. 萌芽期

1910 年，来自俄亥俄州的年轻军事工程师查尔斯·科特林建议使用没有人驾驶的飞行器。他用钟表机械装置控制飞行器，使其在预定地抛掉机翼并像炸弹一样冲向敌人。在美国陆军的支持和资助下，他研制成功并试验了几个模型，这几个模型被取名为"科特林空中鱼雷""科特林虫子"等。

1933 年，英国研制出第一架可复用无人驾驶飞行器——"蜂王"。其使用三架经修复的"小仙后"双翼机进行试验，站在海船上对其进行无线电遥控，其中前两架失事，但第三架试飞成功。英国成为第一个研制并成功试飞无线电遥控靶机的国家。"蜂王"无人机如图 1-1-6 所示。

2. 探索期

1944 年，德国的工程师佛莱舍·佛鲁岑豪设计了 V-1 巡航导弹，如图 1-1-7 所示，它是飞行速度为 757km/h 的无人机，是现代巡航导弹的先驱。世界上大多研制成功的无人机都是以 V-1 巡航导弹的构造思想为基础设计的。

图 1-1-6　"蜂王"无人机

图 1-1-7　V-1 巡航导弹

美国特里达因·瑞安公司生产的"火蜂"系列无人机是当时设计独一无二、产量最大的无人机，如图 1-1-8 所示。1948 年至 1995 年，该系列无人机产生了多种变形，如无人靶机（亚音速和超音速）、无人侦察机、无人电子对抗机、无人攻击机、多用途无人机等。美国空军、陆军和海军多年来一直在使用以 BQM-34A "火蜂"靶机为原型研制多型无人机。

3. 发展期

20 世纪 70 年代至 90 年代，以色列军事专家、科学家和设计师对无人驾驶技术装备的发展做出了突出贡献，并使以色列在世界无人驾驶系统的研制和作战使用领域占据了重要地位。图 1-1-9 所示为以色列的"侦察兵"无人机。

图 1-1-8 "火蜂"系列无人机

图 1-1-9 以色列的"侦察兵"无人机

20 世纪 80 年代至 90 年代，除了美国和以色列，其他国家的许多飞机制造公司也在从事无人机的研制与生产。

西方国家中在无人机研制与生产领域占据领先位置的是美国。美军有用于各指挥层次的全系列无人侦察机，许多无人机可以携带制导武器（炸弹、导弹）及目标指示和火力校射装置。其中最著名的是"捕食者"可复用无人机，世界上最大的无人机"全球鹰"，低空无人"影子 200"机，"扫描鹰"小型无人机，"火力侦察兵"无人直升机，如图 1-1-10 所示。

（a）美国"全球鹰"无人机

（b）美国"捕食者"可复用无人机

（c）美国"影子 200"低空无人机

（d）美国"扫描鹰"小型无人机

（e）美国"火力侦察兵"无人直升机

图 1-1-10 美国军用无人机组图

六、我国无人机的发展现状

1966 年 12 月 6 日，我国第一架无人机靶机"长空一号"首飞成功，如图 1-1-11 所示，开启了我国无人机发展之路。

1972 年 11 月 28 日，"长虹"一号首飞成功，成为我国第一架高空无人驾驶侦察机。

1994 年 12 月，西北工业大学研制完成 ASN-206 多用途无人驾驶飞机，该无人机具有实时视频侦察系统，机身后部尾撑之间装有一台 HS-700 型四缸二冲程活塞式发动机，功率为 37.3kW，巡航时间为 4～8h，航程为 150km，如图 1-1-12 所示。

图 1-1-11 "长空一号"无人机

图 1-1-12 ASN-206 无人机

2007 年，中国航天科技集团有限公司自主研发的"彩虹-3"无人机首飞成功。"彩虹-3"无人机是一种由无线电遥控设备或自身程序控制装置操纵的无人驾驶无人机，采用的是活塞发动机，最远航程能达到 2400km，巡航高度为 3000～5000m，最大升限为 6000m，巡航时间可达 12h，翼展为 8m，机长为 5.5m，起飞质量达 640kg，有效载荷为 60kg，最大载荷为 100kg，可携带光电侦察设备甚至 AR-1 型空地导弹，可以从跑道起飞，配备 3 点式起落架，如图 1-1-13 所示。

2011 年 6 月，由成都飞机工业有限责任公司自主研究和设计的"翔龙"无人侦察机首次面世，它是一种大型高空高速无人机，机长 14.33m，翼展 24.86m，机高 5.413m，正常起飞质量 6800kg，任务载荷 600kg，作战半径 2000～2500km，续航时间最长 10h，起飞滑跑距离 350m，着陆滑跑距离 500m，如图 1-1-14 所示。

图 1-1-13 "彩虹-3"无人机

图 1-1-14 "翔龙"无人机

21 世纪初，由于电子、信息技术的发展，飞机机型更加小巧、性能更加稳定，促进了民用无人机的诞生。

2006 年，深圳市大疆创新科技有限公司成立，先后推出的 Phantom 系列无人机，在世界范围内产生了深远影响，其中，Phantom 2vision+在 2014 年被《时代》周刊评为全球十大科技

图 1-1-15 Phantom 2vision+无人机

产品，如图 1-1-15 所示。

2015 年是无人机飞速发展的一年，各大运营厂商融资成功，为无人机的发展创造了有利的条件，且第一个无人机在线社区上线了。无人机给生活带来了很多便利，同时如何规范日益火爆的无人机市场，使其持续、健康的发展是目前必须解决的问题。

七、无人机的应用及发展趋势

无人机的应用非常广泛，消费级无人机市场的崛起，或将推动工业级无人机市场成为下一

个"蓝海"。就我国民用无人机领域而言，民用无人机在航空摄影测量、通信中继、资源勘查、农林业监视、气象观测与科学试验等领域前景广阔，"无人机+行业"将会成为下一个刚需热点。

1. 民用方面

1）电力巡检

装配有高清数码摄像机、照相机及 GPS 定位系统的无人机，可沿电网进行定位自主巡航，实时传送拍摄影像，监控人员可对其进行操控，并在计算机上同步观看画面，如图 1-1-16 所示。传统的人工电力巡线方式，条件艰苦，效率低下，一线的电力巡查工偶尔会遭遇"被狗撵""被蛇咬"的危险。无人机实现了电子化、信息化、智能化电力巡检，提高了电力巡检的工作效率、应急抢险水平和供电可靠率。在山洪暴发、地震灾害等紧急情况下，无人机可对线路的潜在危险，诸如塔基陷落等问题，进行勘测与紧急排查，丝毫不受路面状况影响，既免去攀爬杆塔之苦，又能勘测到人眼的视觉死角，对于迅速恢复供电很有帮助。

2）农业保险工作管理

集成了高清数码相机、光谱分析仪、热红外传感器等装置的无人机，如图 1-1-17 所示，可通过在农田上飞行，准确测算投保地块的种植面积，所采集数据可用来评估农作物风险情况、保险费率，并能为受灾农田定损，此外，无人机的巡查还能实现对农作物的监测。无人机在农业保险领域的应用，既可确保定损的准确性及理赔的高效率，又能监测农作物的正常生长，帮助农户采取有针对性的措施，以降低风险和损失。

3）影视拍摄

无人机搭载高清摄像机，如图 1-1-18 所示，可根据节目拍摄需求，通过遥控操纵自空中进行拍摄。无人机实现了高清实时传输，其距离可达 5km；无人机灵活机动，拍摄高度可低至1m，也可高至四五千米，可实现追车、升起、拉低、左右旋转等拍摄，极大地降低了拍摄成本。影视圈使用无人机的成功案例比比皆是，无论是新晋导演韩寒的《后会无期》，还是炙手可热的节目《爸爸去哪儿》，抑或是经典大片《007天幕坠落》《变形金刚4》等，在幕后都能发现无人机的踪影。此外，在俄罗斯索契冬奥会及央视的钱塘江大潮等重要事件的报道中，无人机也功不可没。

图 1-1-16　无人机电力巡检　　图 1-1-17　无人机农业植保　　图 1-1-18　无人机影视拍摄

4）纠察违法建筑

无人机在巡查违法建筑上的应用，使违法建筑无所遁形。无人机凭借高分辨率影像采集技术，在航拍时能对违法建筑进行取证。无人机航拍取证并不复杂，只需用遥控器指挥飞机即可将拍到的画面直接传输到地面设备。此外，无人机可从多个角度取证，在对违法建筑进行测量后，可快速根据实景建立三维模型，且误差非常小，可达厘米级。利用无人机航拍查违法建筑既能解决"取证难"的问题，又能节约人力和物力。

5）街景工作原理

利用携带拍摄装置的无人机，可开展大规模航拍，实现俯瞰的效果，如图 1-1-19 所示。无人机拍摄的街景图片不仅有鸟瞰世界的效果，还带有些许艺术气息。在常年云遮雾罩遥感卫星不够灵敏的地区，即可利用无人机进行工作。

6）物流快递

如图 1-1-20 所示，无人机可实现鞋盒包装大小以下的货物的配送，只需将收件人的地址录入系统，无人机即可起飞前往相应目的地。美国的亚马逊、中国的顺丰都在忙着测试这项业务，且美国达美乐比萨店已在英国成功空运了首个比萨外卖。据悉，亚马逊宣称无人机会在30min 内将货物送至 1.6km 范围内的客户手中。据说，顺丰研发无人机送货是为了解决偏远地区送货难的问题。

7）灾后救援

图 1-1-21 所示是利用搭载了高清拍摄装置的无人机对受灾地区进行的航拍。无人机动作迅速，自起飞至降落仅需 7min 就可完成 100000km² 的航拍，对于争分夺秒的灾后救援工作而言，意义非凡。此外，无人机保障了救援工作的安全，通过航拍的形式，避免了可能存在的塌方带来的危险，将为合理分配救援力量、确定救灾重点区域、选择安全救援路线，以及灾后重建选址等提供很有价值的参考。无人机可实时全方位地监测受灾地区的情况，以降低次生灾害带来的损失。

图 1-1-19 无人机航拍

图 1-1-20 无人机送快递

8）遥感测绘

遥感即遥远的感知，广义来讲就是你没有到目标区域去，利用遥控技术，对当地情况进行查询；狭义上讲就是卫星图片及航飞图片。测绘遥感，就是利用遥感技术，通过计算机计算达到测绘目的的行为。无人机遥感测绘如图 1-1-22 所示。

图 1-1-21　无人机消防救援

图 1-1-22　无人机遥感测绘

2．军事方面

无人机自问世以来在军事领域得到了极大的关注，现在针对无人机的研究多数是出于军事使用的目的。20 世纪五六十年代，无人机已经开始应用到军事领域。在越南战争中，美国就使用了无人机来进行军事侦察、空中打击和目标摧毁。但是，经典的无人机作战运用是在第四次中东战争中，以色列使用美制 BQM74C 多用途无人机模拟作战机群掩护战斗机低空突防，成功摧毁了埃及沿运河部署的地空导弹基地。在以色列入侵黎巴嫩时，以色列利用"猛犬"无人机摧毁了黎巴嫩一些重要的导弹基地。美国在出兵阿富汗和袭击恐怖组织的时候也使用了无人飞机，并且在使用中也收到了一定的效果。20 世纪末，很多国家将研制出的新时代的军用无人机应用到军事领域，用于战场情报侦察、低空侦察和掩护、战场天气预报、战况评估、电子干扰和对抗、目标定位摧毁等，在一定程度上改变了军事战争和军事调动的原始形式。

军用无人机未来的发展趋势：现代军用无人机的任务范围已由传统的空中侦察、战场观察和毁伤评估等扩大到战场抑制、对地攻击、拦截巡航导弹，甚至空中格斗等领域。无人机不仅可以对有人战斗机进行支援，而且在许多情况下可以替代有人驾驶飞机。

未来无人机将向以下五个方向发展。

1）小型化无人机

小型化无人机可充分发挥无人机成本低的特点。研制并大量应用小型化无人机，以满足部队连、排级近程战术侦察的需求，完成战场监视、目标侦察、毁伤评估等任务。

2）高空、高速无人机

高空、高速无人机需要新型的高空、长航动力装置，如液（气）冷式涡轮增压活塞发动机、涡轮风扇发动机、转子发动机等。它能比普通的无人机更快、更安全地执行侦察任务。

3）隐形无人机

隐形无人机在设计上采用隐形外形设计技术，在材料上采用隐形材料技术，并采用相位对消技术，降低被雷达、红外和噪音探测设备发现的概率，以提高无人机在战场上的生存能力。

4）对地攻击无人机

对地攻击无人机可分为一次性攻击无人机和可重复使用攻击无人机。一次性攻击无人机在执行侦察任务时，携带攻击型战斗部，在侦察过程中发现敌方临时出现的重要目标时可进行实时攻击，实现"查打结合"，能充分发挥武器装备的作战效能，降低因呼唤火力延误战机的可能性。可重复使用攻击无人机在无人机外挂战斗部，通常是主动或半主动寻的导弹，当无人机发现并锁定目标后，地面人员发出攻击指令，导弹脱离发射架，飞向目标并将其摧毁；无人机返航后，可加挂导弹再次使用。

5）空战无人机

空战无人机的智能程度要求更高。美国虽然曾对空战无人机进行了一些研制试验工作，并取得了一些成效，但空中机群格斗错综复杂，存在多机控制操纵与指挥协调，以及无人机与地面火力的协同作战等问题。因此，空中格斗型无人机是一项长远的研究课题。

一、外围设备、工具的准备

为完成工作任务，每个工作小组需要向仓库工作人员提供借用工具清单（见表1-1-1）。

表1-1-1　认识无人机借用工具清单

序号	名称	数量	借出时间	学生签名	归还时间	学生签名	管理员签名
1							
2							
3							
4							
5							
6							
7							

二、团队分配方案

还等什么？赶快制订出工作**计划**并**实施**它。

一、为了更好地完成任务，你可能需要回答以下资讯

1. 无人机的英文缩写是（　　　）。

　　A. UA　　　　　　B. UAS　　　　　C. UAD　　　　　D. US

2．超近程无人机活动半径为（　　　）。

  A．15～50km B．50～200km C．小于15km D．200～800km

3．按不同平台构型分类，无人机可分为固定翼无人机、无人直升机和（　　　）三大平台。

  A．民航客机 B．军用飞机 C．民用直升机 D．多旋翼无人机

4．多旋翼无人机的特点是（　　　）。

  A．多适用于军用   B．结构复杂、操作难

  C．只能巡航飞行   D．体积小、质量轻

5．以下不属于无人机性能指标的是（　　　）。

  A．经济性、发射回收方式   B．飞行速度、飞行高度

  C．航程、回收性   D．续航时间、爬升率

二、工作任务实施

1．观看无人机的相关教学视频

通过观看无人机的相关教学视频，提升对无人机的认知，并结合实际回答以下问题。

（1）简述无人机的定义及其分类。

（2）简述无人机的发展趋势。

2．参观工厂、实训室

参观工厂、实训室，记录无人机的品牌及型号，并查阅相关资料，了解无人机的主要技术指标及特点，填写于表1-1-2中。

表1-1-2　参观工厂、实训室记录表

序号	品牌及型号	主要技术指标	特点
1			
2			
3			
4			
5			
6			
7			

完成了？仔细检查，客观评价，及时反馈。

任务评价

一、成果展示

各小组派代表上台总结在完成任务的过程中学会了哪些技能，发现错误后是如何改正的，并展示成果。

二、学生自我评估与总结

_____ 。

三、小组评估与总结

_____ 。

四、教师评估与总结

_____ 。

五、各小组对工作环境的 6S 现场管理

在小组和教师都完成工作任务总结以后，各小组必须对自己的工作环境进行 6S 现场管理，即整理、整顿、清扫、清洁、安全、素养；归还所借的工具和实习工件。

六、评价表

认识无人机评价表如表 1-1-3 所示。

表 1-1-3　认识无人机评价表

<table>
<tr><td colspan="2">班级：_____
小组：_____
姓名：_____</td><td colspan="6">指导教师：_____
日期：_____</td></tr>
<tr><td rowspan="2">评价
项目</td><td rowspan="2">评价标准</td><td rowspan="2">评价依据</td><td colspan="3">评价方式</td><td rowspan="2">权重</td><td rowspan="2">得分
小计</td></tr>
<tr><td>学生
自评
20%</td><td>小组
互评
30%</td><td>教师
评价
50%</td></tr>
<tr><td>职业
素养</td><td>1. 遵守企业规章制度、劳动纪律
2. 按时按质完成工作任务
3. 积极主动承担工作任务，勤学好问
4. 人身安全与设备安全
5. 工作环境 6S 现场管理完成情况</td><td>1. 出勤
2. 工作态度
3. 劳动纪律
4. 团队协作精神</td><td></td><td></td><td></td><td>0.3</td><td></td></tr>
<tr><td>专业
能力</td><td>1. 能叙述无人机的定义、分类及特点
2. 会根据英文缩写判断无人机的类型
3. 能通过无人机的外观判定无人机的类型</td><td>1. 操作的准确性和规范性
2. 任务或项目技术总结完成情况
3. 专业技能任务完成情况</td><td></td><td></td><td></td><td>0.5</td><td></td></tr>
<tr><td>创新
能力</td><td>1. 在完成任务的过程中能提出有一定见解的方案
2. 在教学或生产管理上提出具有创新性的建议</td><td>1. 方案的可行性及意义
2. 建议的可行性</td><td></td><td></td><td></td><td>0.2</td><td></td></tr>
<tr><td>合计</td><td></td><td></td><td></td><td></td><td></td><td></td><td></td></tr>
</table>

任务 2 认识无人机的基本结构

学习目标

知识目标：
1. 能掌握多旋翼无人机的基本结构及各组成部分的功能。
2. 能掌握固定翼无人机的基本结构及各组成部分的功能。
3. 能掌握无人直升机的基本结构及各组成部分的功能。

能力目标：
1. 能分辨出多旋翼无人机、固定翼无人机、无人直升机的基本结构。
2. 能说出多旋翼无人机、固定翼无人机、无人直升机各组成部分的功能。

工作任务

目前主流的无人机主要包括多旋翼无人机、固定翼无人机和无人直升机，如图 1-2-1 所示。本任务的主要内容是：通过学习掌握无人机的基本结构和主要功能，并能通过实物和图片分辨出常见的多旋翼无人机、固定翼无人机和无人直升机的组成部件。

（a）多旋翼无人机

（b）固定翼无人机

（c）无人直升机

图 1-2-1 主流的无人机

相关知识

一、多旋翼无人机的基本结构

多旋翼无人机基本结构组成如图 1-2-2 所示，各部分组成及主要功能如表 1-2-1 所示。

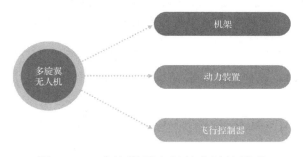

图 1-2-2 多旋翼无人机基本结构组成

表 1-2-1　多旋翼无人机各部分组成及主要功能

序号	名称	组成	主要功能
1	机架	主要由机臂、中心板和脚架等组成，也有采用一体化设计的机架	承载其他构件的安装
2	动力装置	通常采用电动系统，主要由电池、电子调速器（简称电调）、电动机和螺旋桨四部分组成	为无人机提供飞行动力
3	飞行控制器（简称飞控）	主要由陀螺仪、加速计、角速度计、气压计、GPS、指南针（罗盘）和控制电路等组成	计算并调整无人机的飞行姿态，控制无人机自主或半自主飞行

二、固定翼无人机的基本结构

固定翼无人机基本结构组成如图 1-2-3 所示，各部分组成及主要功能如表 1-2-2 所示。

图 1-2-3　固定翼无人机基本结构组成

表 1-2-2　固定翼无人机各部分组成及主要功能

序号	名称	组成	主要功能
1	机翼	主要由翼梁、纵墙、桁条、翼肋和蒙皮等组成	产生飞行所需要的升力
2	机身	主要由纵向骨架桁梁和桁条、横向骨架普通隔框和加强隔框、蒙皮等组成	装载燃料和设备，并将机翼、尾翼、起落装置等连成一个整体
3	尾翼	主要由水平尾翼和垂直尾翼两部分组成	稳定和操纵无人机的俯仰与偏转
4	起落装置	主要由支柱、减震器、机轮和收放机构等组成	支撑无人机的起飞、着陆滑跑、滑行和停放等
5	动力装置	包括油动和电动两种，其中油动动力装置主要由螺旋桨、发动机、舵机和辅助系统等组成，电动动力装置主要由电池、电调、电动机和螺旋桨等组成	产生拉力（螺旋桨式）或推力（喷气式），使无人机产生相对空气的运动

三、无人直升机的基本结构

无人直升机基本结构组成如图 1-2-4 所示，各部分组成及主要功能如表 1-2-3 所示。

图 1-2-4　无人直升机基本结构组成

表 1-2-3　无人直升机各部分组成及主要功能

序号	名称	组成	主要功能
1	机身	该部分与固定翼无人机结构相似，主要由纵向骨架桁梁和桁条、横向骨架普通隔框和加强隔框、蒙皮等组成	装载燃料、货物和设备等，作为无人直升机安装基础将各部分连成一个整体。机身是直接承受和产生空气动力的部件，具有承载和传力的作用，承受各种装载的载荷和各类动载荷
2	主旋翼	主要由桨叶和桨毂组成	将旋转动能转换成旋翼升力和拉力
3	尾桨	尾桨分为推式尾桨和拉式尾桨，一般安装在尾梁后部或尾斜梁或垂尾上	平衡旋翼的反扭矩、改变尾桨的推力（或拉力），实现对直升机的航向控制，对航向起稳定作用，可提供一部分升力
4	操纵系统	主要由自动倾斜器、座舱操纵机构和操纵系统等组成	用来控制无人直升机的飞行。无人直升机的垂直、俯仰、滚转和偏航四种运动形式分别对应总距操纵、纵向操纵、横向操纵和航向操纵四种操纵
5	传动系统	主要由主减速器、传动轴、尾减速器及中间减速器组成	将发动机/电动机的动力传递给主旋翼和尾桨
6	电动机或发动机	—	为无人机提供飞行动力
7	起落架	—	支撑无人机的起飞、着陆滑跑、滑行和停放等

 任务准备

一、外围设备、工具的准备

为完成工作任务，每个工作小组需要向仓库工作人员提供借用工具清单（见表 1-2-4）。

表 1-2-4　认识无人机的基本结构借用工具清单

序号	名称	数量	借出时间	学生签名	归还时间	学生签名	管理员签名
1							
2							
3							
4							
5							
6							
7							

二、团队分配方案

还等什么？赶快制订出工作计划并实施它。

![讨论插图]

任务实施

一、为了更好地完成任务，你可能需要回答以下资讯

1. 多旋翼无人机主要由_____、_____和_____三部分组成。

2. 多旋翼无人机的动力装置通常采用的是_____系统，主要由电池、电调和_____及_____四部分组成。

3. 多旋翼无人机飞控的功能是计算并_____无人机的飞行姿态，控制无人机自主或_____飞行。

4. 固定翼无人机主要由_____、_____、_____、_____、_____五部分组成。

5. 固定翼无人机机翼由_____、_____、_____、_____和_____等组成。

6. 固定翼无人机的动力装置主要包括油动和电动两种，其中油动动力装置主要由螺旋桨、_____、_____和辅助系统等组成，电动动力装置主要由电池、电调、_____和_____等组成。

7. 无人直升机主要由机身、_____、_____、操纵系统、传动系统、_____或_____、起落架等部分组成。

8. 无人直升机的操纵系统主要由_____、_____和_____三部分组成。

9. 无人直升机的传动系统主要由_____、_____、_____及中间减速器组成。

二、工作任务实施

1. 认识无人机的基本结构

通过观察表 1-2-5 中的图示，查阅资料，填写相关的内容。

表 1-2-5　无人机各主要组成部分的名称

名称	图示
1._____ 2._____ 3._____ 4._____ 5._____ 6._____ 7._____	

续表

名称	图示
图示展示的是（　　）结构图 A．固定翼无人机　　B．多旋翼无人机　　C．无人直升机	

2．认识多旋翼无人机的结构

查阅资料，在如图 1-2-5 所示的多旋翼无人机画面中标出各组成部分的名称。

图 1-2-5　多旋翼无人机

完成了？仔细**检查**，客观**评价**，及时**反馈**。

 任务评价

一、成果展示

各小组派代表上台总结在完成任务的过程中学会了哪些技能，发现错误后是如何改正的，并展示成果。

二、学生自我评估与总结

_____。

三、小组评估与总结

_____。

四、教师评估与总结

_____。

五、各小组对工作环境的 6S 现场管理

在小组和教师都完成工作任务总结以后，各小组必须对自己的工作环境进行 6S 现场管理，即整理、整顿、清扫、清洁、安全、素养；归还所借的工具和实习工件。

六、评价表

认识无人机的基本结构评价表如表 1-2-6 所示。

表 1-2-6　认识无人机的基本结构评价表

班级：_____ 小组：_____ 姓名：_____			指导教师：_____ 日期：_____				
评价项目	评价标准	评价依据	评价方式			权重	得分小计
			学生自评 20%	小组互评 30%	教师评价 50%		
职业素养	1. 遵守企业规章制度、劳动纪律 2. 按时按质完成工作任务 3. 积极主动承担工作任务，勤学好问 4. 人身安全与设备安全 5. 工作环境 6S 现场管理完成情况	1. 出勤 2. 工作态度 3. 劳动纪律 4. 团队协作精神				0.3	
专业能力	1. 能掌握多旋翼无人机、固定翼无人机、无人直升机的基本结构及各组成部分的功能 2. 会分辨旋翼无人机、固定翼无人机、无人直升机的基本结构 3. 能说出多旋翼无人机、固定翼无人机、无人直升机各组成部分的功能	1. 操作的准确性和规范性 2. 任务或项目技术总结完成情况 3. 专业技能任务完成情况				0.5	
创新能力	1. 在任务完成过程中能提出有一定见解的方案 2. 在教学或生产管理上提出具有创新性的建议	1. 方案的可行性及意义 2. 建议的可行性				0.2	
合计							

任务 3　认识无人机的系统组成

 学习目标

知识目标：

1. 能掌握无人机动力系统的分类及特点。

2. 能掌握无人机电动系统的组成及各组成部分的作用。

3. 能了解无人机油动系统的组成及各组成部分的作用。

4. 能掌握无人机控制站的组成及功能。

5. 能掌握无人机任务载荷系统的内容。

能力目标：

1. 能叙述无人机控制站的功能。

2. 会分辨电动系统、油动系统和油电系统无人机。

严格意义上来说，无人机不仅仅是一架飞机，更恰当的说法应该是"无人机系统"。由图 1-3-1 可以看出，无人机是由各个分系统构成的一个完整体系，在这个体系中，任何一个分系统缺失都将影响无人机的正常运转或使无人机某项功能缺失。本任务的主要内容就是：通过学习，掌握无人机动力系统的分类及特点、控制站的功能及任务载荷系统的内容，并能分辨出电动系统无人机、油动系统无人机和油电系统无人机。

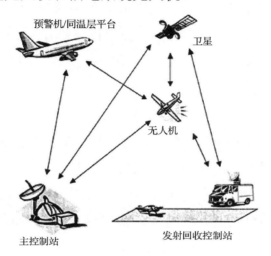

图 1-3-1　无人机各系统

一、无人机动力系统

无人机动力系统为无人机提供动力，使无人机能够进行飞行活动。无人机动力系统有 3 种类型，即以电池为能源的电动系统、以燃油为能源的油动系统，以及油电系统。目前油电系统更多地应用于汽车，在无人机领域较少使用。

1. 电动系统

电动系统是将化学能转化为电能再将电能转化为机械能，从而为无人机飞行提供动力的系统，由电池、调速系统、电动机、螺旋桨 4 部分组成。

1）电池

电池主要为无人机提供能量，有镍-镉电池、镍-氢电池、锂离子电池、锂聚合物电池。考虑到电池的质量和效率，无人机多采用锂聚合物电池，如图 1-3-2 所示。

电压分为额定电压、开路电压、工作电压和充电电压等，符号为 U，单位为伏特（V）。额定电压是指电池工作时公认的标准电压，如锂聚合物电池的额定电压为 3.7V；开路电压是指无负载工作情况下的电池电压；工作电压是指负载工作情况下的放电电压，其值通常是一个电压范围，如锂聚合物电池的工作电压为 3.7～4.2V；充电电压是指外电路对电池进行充电时的电压，一般情况下电池充电电压大于开路电压。

电池容量是指电池储存电量的大小。电池容量分为实际容量、额定容量、理论容量，符号为 C，单位为毫安时（mA·h）。实际容量就是在一定放电条件下，电池实际能够放出的电量；额定容量是指电池在生产和设计时规定的，在一定放电条件下能够放出的最低电量；理论容量是指根据电池中的参加化学反应的物质计算出的电量。

电池倍率，一般充放电电流的大小常用充/放电倍率来表示，即充/放电倍率 = 充/放电电流/额定容量，单位为C；例如，额定容量为 10A·h 的电池用 4A 放电时，其放电倍率为 0.4C；假设是额定容量为 1000mA·h，倍率为 10 的电池，最大放电电流 = 1000 × 10 = 10000（mA）= 10（A）。

2）调速系统

电调（Electronic Speed Controller，ESC），全称为电子调速器，如图 1-3-3 所示。它的主要功能是对飞控的控制信号进行功率放大，并向各开关管送去能使其饱和导通及可靠截止的驱动信号，以控制电动机的转速。因为无刷电动机产生的电流是很大的，正常工作时通常为 3～20A，飞控没有驱动无刷电动机的功能，所以需要电调将直流电源转换为三相电源，为无刷电动机供电。电调在多旋翼无人机中充当了变压器的作用，可将 11.1V 的电源电压转换为 5V 的电压再为飞控、接收机供电，如果没有电调，飞控根本无法承受这样大的电流。

图 1-3-2　锂聚合物电池

图 1-3-3　电调

电调两端都有接线端，将输入接线端与电池相连，输入电流；将输出接线端与电动机相连，调整电动机转速；将信号输出线端与飞控连接，接收飞控信号并为飞控供电。

3）电动机

电动机旋转带动桨叶使无人机产生升力和推力。通过控制电动机的转速，可使无人机完成各种飞行状态。有刷电动机中的电刷在电动机运转时产生的电火花会对遥控无线电设备产生干扰，且电刷在工作时会产生较大噪声，目前在无人机领域已较少使用，更多采用的是无刷电动机。

外转子型无刷电动机的工作原理如下。

电动机的转子在外部，定子在内部，转子内侧有两 个永久性磁铁，一个是 N 极，一个是

S极；定子结构是线圈，也就是电磁铁，定子在内部是固定不动的，如图1-3-4所示。利用磁铁异性相吸的原理，给定子线圈通电如图1-3-4（a）所示，外面的转子由于异性相吸的原理会逆时针转动，让N极靠近该线圈产生的磁场的S极，让S极靠近该线圈产生的磁场的N极。此时该线圈停止通电，让下一个线圈通电，即图1-3-4（a）中的B线圈通电。因此，前面一个线圈吸引转子，后面一个线圈推动转子，转子因异性相吸的原理继续逆时针转动追赶B线圈，如图1-3-4（b）所示。无刷电动机安装了霍尔传感器，能准确判断转子的位置，并及时将转子的位置报告给定子线圈控制器，定子线圈控制器可根据该信息控制线圈内电流的方向。

（a）

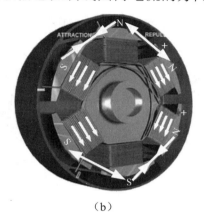
（b）

图1-3-4 外转子型无刷电动机工作原理

无刷电动机的型号通常用"XXXX"型数字来表示。例如，2212外转子无刷动力电机，即表示电动机定子直径为22mm，电动机定子高度为12mm，如图1-3-5所示。

电动机KV值用来表示电动机空载转速，指电压每增加1V无刷电动机增加的每分钟转速，即电动机空载转速 = 电动机KV值 × 电池电压。例如，920KV的电动机，电池电压为11.1V，那么其空载转速应该为 $920 \times 11.1 = 10212$（r/min）。

4）螺旋桨

螺旋桨安装在无刷电动机上，无刷电动机旋转带动螺旋桨旋转。多旋翼无人机多采用定距螺旋桨，即桨距固定，如图1-3-6所示。定距螺旋桨从桨毂到桨尖安装角逐渐减小，这是因为半径越大的地方线速度越大，受到的空气反作用力越大，螺旋桨因各处受力不均匀而越容易折断。同时螺旋桨安装角随着半径增加而逐渐减小，能够使螺旋桨从桨毂到桨尖产生一致升力。

图1-3-5 2212外转子无刷动力电动机

图1-3-6 定距螺旋桨

螺旋桨尺寸通常用"XX XX"型数字来表示,前两位数字表示螺旋桨直径,后两位数字 表示螺旋桨螺距,单位均为英寸(in),1in 约等于 2.54cm。螺距即桨叶旋转一圈旋转平面移动的距离。

螺旋桨有正反桨之分,顺时针方向旋转的是反桨,逆时针方向旋转的是正桨。

电动机与螺旋桨的配型原则为:高 KV 值的电动机配小桨,低 KV 值的电动机配大桨。电动机 KV 值越小转动惯量越大,电动机 KV 值越大转动惯量越小。螺旋桨尺寸越大,产生的升力就越大,需要更大的力来驱动螺旋桨旋转,因此应采用低 KV 值的电动机;反之,小螺旋桨,需要更高转速才能达到足够升力,因此应采用高 KV 值的电动机。

5)接线方式

无人机动力系统中电池、电调、电动机之间的接线方式如图 1-3-7 所示。

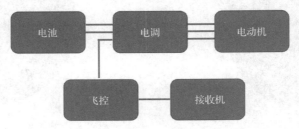

图 1-3-7 无人机动力系统接线方式

多旋翼无人机的多个旋翼轴上的电调的输入端的红线、黑线应并联接到电池的正负极上;输出端的 3 根黑线应连接到电动机;BEC 信号输出线与飞控相连用于输出 5V 电压为飞控供电及接收飞控的控制信号;接收机连接在飞控上,输出遥控信号,并从飞控上得到 5V 供电。

2.油动系统

燃油类发动机工作过程是将化学能转换为机械能。常用的燃油类发动机有活塞式发动机和燃气涡轮发动机。

1)活塞式发动机

(1)活塞式发动机的结构。

活塞式发动机也叫往复式发动机,是一种利用汽缸内燃料燃烧膨胀产生的压力推动活塞向下运动并做功的机器,其将化学能转化为热能又将热能转化成机械能。活塞式发动机是内燃机的一种,利用汽油、柴油等燃料来提供动力,主要由汽缸、活塞、连杆、曲轴、气门机构、螺旋桨减速器、机匣等组成。

根据燃料点火方式的不同,活塞式发动机可分为电火花点燃燃料的点燃式发动机和压缩空气使空气温度升高进而点燃燃料的压燃式发动机。大部分汽油机是点燃式的,大部分柴油机是压燃式的,如图 1-3-8 所示。

根据工作原理不同,活塞式发动机还可以分为二冲程发动机和四冲程发动机。

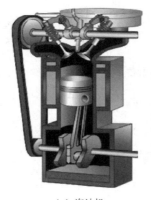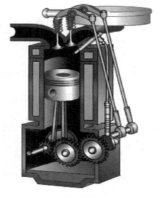

（a）汽油机　　　　　　　　（b）柴油机

图 1-3-8　汽油机和柴油机

（2）四冲程发动机的工作原理。

冲程：活塞从上止点运动到下止点或者从下止点运动到上止点称为一个冲程，即曲轴转动半圈。

航空领域的活塞式发动机是由汽车的活塞式发动机发展而来的，大多是四冲程发动机，即活塞在汽缸内要经过四个冲程，依次是进气冲程、压缩冲程、做功冲程和排气冲程，如图 1-3-9 所示。

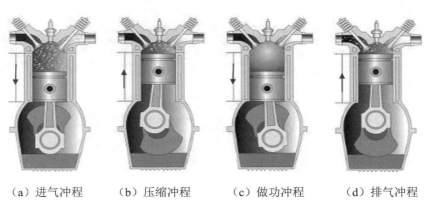

（a）进气冲程　　　（b）压缩冲程　　　（c）做功冲程　　　（d）排气冲程

图 1-3-9　四冲程发动机的工作原理

① 进气冲程。进气冲程时，汽缸的进气门打开，排气门关闭，发动机（启动前）通过启动系统使活塞从上止点向下滑动到下止点，汽缸的容积逐渐增大，缸内气压降低且低于大气压，汽油和空气的混合气体通过打开的进气门被吸入汽缸内。

② 压缩冲程。曲轴由于惯性作用继续旋转，此时活塞由下止点向上运动，进气门同排气门一样严密关闭。汽缸容积逐渐减小，混合气体被压缩。当活塞运动到上止点时，汽缸内混合气体体积最小，被压缩在上止点和汽缸顶部间的燃烧室内。压缩气体使限制在燃烧室内的混合气体的压强大大提高，有利于更好地利用汽油燃烧时产生的热量。

③ 做功冲程。在压缩冲程快结束，活塞接近上止点时，汽缸顶部的点火装置通过高压电产生电火花，混合气体被点燃，气体剧烈膨胀，压强急剧增高。活塞在强大压力作用下，从上

止点向下止点迅速运动，连杆带动曲轴旋转。做功冲程是发动机唯一能够获得动力的冲程，其余三个冲程都是为这个冲程做准备的。

④ 排气冲程。做功冲程结束后，曲轴在惯性的作用下继续旋转，活塞由下止点向上移动。此时，进气门关闭，排气门打开，燃烧后的废气被排出。当活塞运动到上止点时，由于活塞的推挤汽缸内的废气基本已排尽，此时，一个循环完成。然后，进气门打开，排气门关闭开始新的循环。

在进气、压缩、做功、排气这一完整的循环中，汽油的化学能通过燃烧转化为热能，热能又转化为推动活塞运动的机械能，从而带动旋翼轴旋转。循环中由于包含着热能到机械能的转化，所以也叫作"热循环"。

（3）二冲程发动机工作原理

二冲程发动机每完成一次进气、压缩、做功和排气四个步骤，曲轴旋转一圈，对外做一次功。二冲程发动机的进气孔和排气孔设置在缸体上，通过活塞的上下移动即可完成气孔的打开或关闭，实现进气和排气，如图 1-3-10 所示，四冲程发动机是通过相应的驱动机构定时完成进气门和排气门的打开或者关闭的。

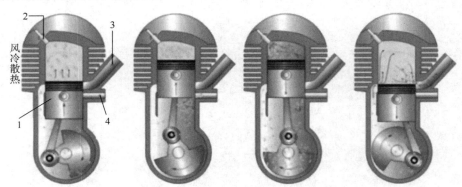

1—活塞；2—扫气孔；3—排气孔；4—进气孔。

图 1-3-10　二冲程发动机工作原理

① 第一冲程：进行进气和压缩，活塞从下止点向上运动直到上止点。当活塞位于下止点时，排气孔和扫气孔处于开启状态，进气孔被活塞挡住处于关闭状态。这时上一循环中进入曲轴箱内的可燃混合气体通过扫气孔进入汽缸，扫出汽缸内的废气。随着冲程的继续，扫气孔关闭，扫气终止。但由于排气孔还未关闭，所以废气和可燃混合气仍会继续排出，这部分排出的气体叫作额外排气。活塞继续上移，排气孔关闭，可燃混合气体被活塞逐渐压缩直至到达上止点。

② 第二冲程：进行做功和排气，活塞从上止点向下运动到下止点。当活塞压缩可燃混合气体到达上止点时，点火装置点燃可燃混合气体，气体燃烧，膨胀做功。此时，进气孔处于开启状态，扫气孔和排气孔处于闭合状态，可燃混合气体通过进气孔流入曲轴箱，直至活塞下移将进气孔关闭为止。活塞继续向下止点移动的过程中，曲轴箱内的可燃混合气体随容积减小而

被压缩。此后，活塞继续下移，排气孔最先开启，可燃混合气体在汽缸内经燃烧产生的废气从排气孔排出，做功结束。随后活塞在曲轴惯性作用下继续下移，扫气孔开启，曲轴箱内的可燃混合气体经扫气孔进入汽缸，扫出汽缸内的废气，直至扫气孔关闭为止。

（4）活塞式发动机系统组成。

活塞式发动机除主要部件外，还需要有其他相关系统与之相互配合才能工作，主要包括进气系统、燃油系统、点火系统、冷却系统、启动系统、散热系统等。

① 进气系统。进气系统为燃烧做功提供燃料和清洁空气，使之混合后输送到汽缸内。进气系统中安装的增压器用于增大进气压力。

② 燃油系统。燃油系统由油箱、油泵、汽化器或燃料喷射装置等组成，用于为发动机持续不断提供洁净燃油。油泵将汽油压入汽化器，汽油在此汽化。

③ 点火系统。点火系统中的磁电动机产生的脉冲高压电在规定的时间产生电火花，将汽缸内的空气和燃油的混合气体点燃。

④ 冷却系统。发动机内燃料燃烧时产生的热量除转化为动能使活塞运动和排出废气带走部分内能外，还有很大一部分传给了汽缸壁和其他有关机件。冷却系统的作用就是将这些热量散发出去，以保证发动机正常工作。

⑤ 启动系统。发动机由静止到工作需要利用外力转动曲轴，使活塞开始往复运动直到工作循环能够自动进行，这个过程叫作发动机的启动。

⑥ 散热系统。为了使汽缸内表面在高温下正常工作，必须对汽缸和汽缸盖进行适当冷却。冷却方法有两种：一种是水冷；另一种是风冷。水冷发动机的汽缸周围和汽缸盖中都加有冷却水套，并且汽缸体和汽缸盖冷却水套相通，冷却水通过在冷却水套内不断循环，带走部分热量。

2）燃气涡轮发动机

（1）燃气涡轮发动机的结构。

燃气涡轮发动机主要由进气道、压气机、燃烧室、涡轮（Turbine）和尾喷管5部分组成。其中压气机、燃烧室、涡轮是发动机的核心组成部分，称为"核心机"。M4燃气涡轮发动机的结构如图1-3-11所示。

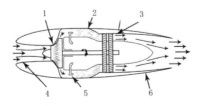

1—压气机；2—燃烧室；3—涡轮，4—进气道；5—燃油喷嘴；6—尾喷管。

图1-3-11 M4燃气涡轮发动机的结构

① 进气道：是气体进入发动机的通道，主要功能是消除进入进气道的空气的涡流，保证

发动机所需空气量。在无人机高速飞行时进气道将进入其中的高速气流速度降低，将动能转变成压力势能，提高气体压力。

② 压气机：工作原理是空气流过高速旋转的叶片，叶片对空气做功，使空气压力增大，温度升高。

③ 燃烧室：将燃料与经压气机增压增温的空气混合并点燃，燃料燃烧使化学能转变为内能，气体温度和压力升高。

④ 涡轮：燃烧室流出的气体具有很高的能量，流经涡轮时大部分能量转换为机械能，使涡轮高速旋转。涡轮的机械能以轴功率的形式由涡轮轴输出，从而驱动螺旋桨、压气机及其他部件。燃气经过涡轮后温度和压力下降，流速增加，流向尾喷管。

⑤ 尾喷管：一般由中介管和喷口组成，是发动机的排气系统。中介管由整流锥和整流支板组成，能将燃气经涡轮后产生的强烈涡流整流。尾喷管的作用是使从涡轮流出的仍具有一定能量的燃气继续膨胀加速，进而使发动机排气速度更大，产生更大的推力。

（2）燃气涡轮发动机的工作原理。

新鲜空气进入燃气涡轮发动机的进气道，流经压气机，压气机工作叶片对气体做功，气体温度升高，压力增大变成高温高压气体，然后进入燃烧室，与喷嘴喷出的燃油混合后被点燃，成为高温高压燃气。从燃烧室流出的高温高压燃气具有很高的能量，流过同压气机安装在同一条轴上的涡轮时驱动涡轮旋转，带动压气机工作。最后从涡轮中流出的温度和压力降低但速度增大的燃气在尾喷管中继续膨胀，以很高的速度沿发动机轴向从喷口向后排出，发动机排气速度增大，获得反作用力。

（3）涡轮喷气发动机。

涡轮喷气发动机具有燃气涡轮发动机的 5 个主要组成部分，如图 1-3-12 所示，可以认为是燃气涡轮发动机的基本形式，在此基础上增加一些部件即可形成其他形式的涡轮发动机。

涡轮喷气发动机的工作原理是：进气道进气→压气机使气体增压→燃烧室对气体进行加热→涡轮使气体膨胀做功带动压气机工作→尾喷管使气体膨胀加速→气体排到机外。

（4）涡轮螺旋桨发动机。

涡轮螺旋桨发动机的组成如图 1-3-13 所示。

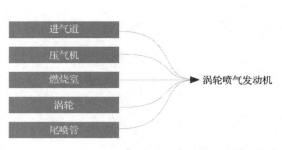

图 1-3-12　涡轮喷气发动机的组成

图 1-3-13　涡轮螺旋桨发动机的组成

涡轮螺旋桨发动机的工作原理是：进气道进气→压气机使气体增压→燃烧室对气体进行加热→涡轮使气体膨胀做功带动压气机和螺旋桨工作→尾喷管使气体膨胀加速→气体排到机外。

（5）涡轮轴发动机。

涡轮轴发动机的组成如图 1-3-14 所示。

涡轮轴发动机的工作原理是：进气道进气→压气机使气体增压→燃烧室对气体进行加热→涡轮使气体膨胀做功带动压气机和螺旋桨工作→尾喷管使气体膨胀加速→气体排到机外。

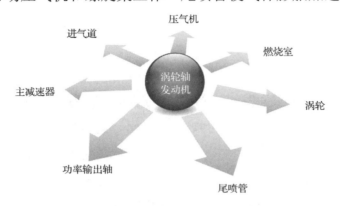

图 1-3-14　涡轮轴发动机的组成

二、无人机控制站

无人机控制站又称地面站，通常由显控台和通信设备组成，是无人机系统的重要组成部分，主要功能是监测和控制无人机的飞行过程、飞行航迹、有效载荷、通信链路等，以及对一些故障予以及时报警并采取相应的诊断处理措施。控制站是一个集实时采集分析遥测数据、定时发送遥控指令、动态显示飞行状态等功能于一体的综合系统。

1．控制站功能

1）无人机的姿态控制

机载传感器在获得相应的无人机飞行状态信息后，通过数据链路将这些数据以预定义的格式传输到控制站。控制站中的 GCS 计算机处理这些信息，并根据控制律解算出控制要求，形成控制指令和控制参数，再通过数据链路将控制指令和控制参数传输给无人机上的飞控计算机，进而实现对无人机的操控。

2）有效载荷数据的显示和有效载荷的控制

有效载荷是无人机任务的执行单元。控制站根据任务要求实现对有效载荷的控制，并通过对有效载荷状态的显示来实现对任务执行情况的监管。

3）任务规划、无人机位置监控及航线地图显示

任务规划主要包括处理战术信息、研究任务区域地图、标定飞行路线及向操作员提供规划数据等。无人机位置监控及航线地图显示有利于驾驶员实时地监控无人机的状态和航迹。

4）导航和目标定位

无人机在执行任务的过程中通过无线数据链路与控制站保持联系。在遇到特殊情况时，需要控制站对无人机实现导航控制，使其按照安全的路线飞行。随着空间技术的发展，传统的惯性导航结合先进的 GPS 导航技术成为无人机系统的主流导航技术。目标定位是指对无人机发送给控制站的方位角、高度及距离数据进行时间标注，以便将这些量与正确的无人机瞬时位置数据相结合，从而实现目标位置的精确计算。要明确目标的位置，不仅要通过导航技术掌握无人机的位置，还要确定无人机至目标的矢量的角度和距离，因此目标定位技术和无人机导航技术之间有着非常紧密的联系。

5）与其他子系统的通信链路

通信链路用于指挥、控制和分发无人机收集的信息。随着计算机和网络技术的发展，现行的通信链路主要借助局域网来进行数据的共享，因此与其他组织的通信不仅在任务结束以后，还在任务执行期间。相关专业的人员对共享数据进行多层次的分析，并及时提出反馈意见，现场指挥人员根据这些意见对预先规划的任务做出修改，充分利用资源，从战场全局的角度为完成任务提供有力的支持和合理的建议，使得控制站当前的工作更加有效。

2．控制站软件

小型无人机涉及图像处理、无线传输、先进控制及多传感器融合等技术，且具有广阔的应用前景，已经成为研究热点，控制站作为小型无人机系统的重要组成部分，也成为热门研究课题。许多国家和地区的科研机构、公司等，都将其作为重要的研究领域。目前小型无人机、轻型无人机及微型无人机常用的控制站主要有以下两种。

1）Ground Pilot 控制站

美国 UAV Flight Systems 公司研发的 Ground Pilot 控制站，专门用于该公司 AP40 或 AP50 自动驾驶仪。该控制站较全面地反映了无人机飞行过程中的高度、速度、航向、航迹、姿态等信息，并可以实现对无人机飞行模式、高度、速度、航向、航点的控制。

2）Horizon 控制站

加拿大 Micro Pilot 公司为 MP2028 自动驾驶仪研制的 Horizon 控制站也是一款比较典型的控制站。Horizon 控制站除具有基本的控制站功能外，还拥有用于测试和训练的任务模拟器，便于工作人员对规划的任务进行分析和修改。

国内一些高等院校、研究所和企业也开展了关于无人机控制站技术的研究，并取得了一定的成果。

北京航空航天大学智能技术与装备实验室 iFLY 研发团队完全自主研发的控制站 GCS300 性能和国外同类产品相当。该控制站适用于所有 iFLY 自动驾驶仪，具备无人机组网功能，最多可分时控制 16 架无人机，一个控制站可通过网络向另外 15 个控制站发送数据，实现了无人机飞行状态的多终端远程监控。

北京普洛特无人飞行器科技有限公司通过十多年的努力和实际飞行试验，研制出了 UP20 自动驾驶仪及其配套控制站。

3．控制站硬件

控制站系统泛指地面上可以对无人机发出指令及接收无人机传回信息的设备，它的硬件可以是一个遥控器，也可以是一部手机，或者一台笔记本电脑。下面简单介绍两种控制站硬件。

1）遥控器

遥控器是一种简单的控制站，集成了数传电台，通过控制操纵杆的舵量向无人机发出控制信号，从而实现对无人机的控制。遥控器分美国手和日本手，区别为美国手是左手油门的，日本手是右手油门的。通常遥控器可以控制无人机飞行姿态（如俯仰运动、滚转运动、偏航运动），也可以通过控制油门对无人机飞行动力进行增减。

2）无人机手持控制站控制系统

无人机手持控制站控制系统包括一个壳体（壳体内部有遥控操作模块、遥控传输模块、图传模块、图像显示模块、Android 模块、电源模块和稳压模块）及壳体外部的传输天线。电源模块通过稳压模块分别与 Android 模块、图像显示模块、遥控操作模块、图传模块及遥控传输模块电连接，图传模块分别与图像显示模块、Android 模块电连接，遥控传输模块与遥控操作模块电连接。

三、无人机任务载荷系统

无人机任务载荷系统是指装备到无人机上用以实现无人机飞行所要完成的特定任务的设备、仪器及其子系统。无人机在升空执行任务时，通常需要搭载任务载荷。任务载荷与侦察、武器投射、通信、遥感或货物运输等任务有关。无人机的设计通常围绕应用的任务载荷进行。有些无人机可携带多种任务载荷。任务载荷的大小和质量是设计无人机时要考虑的重要的因素。

1．军用任务载荷

军用无人机安装的光电侦察设备主要有 CCD（Charge Coupled Device，电荷耦合器件）、前视红外仪、合成孔径雷达、激光测距和激光雷达等。

1）CCD

CCD 也称 CCD 图像传感器，如图 1-3-15 所示。CCD 是一种半导体器件，能够把光学影像转化为数字信号，其上植入的微小光敏物质称作像素，像素数量越多，画面分辨率越高。与航空照相机相比，CCD 具有实时信号传输能力，且体积小、质量轻、寿命长、可靠性高，更适合作为机载设备。

2）前视红外仪

前视红外仪是具有高光学分辨力的高速扫描热像仪，通常装在无人机的头部，用于摄取无人机前方和下方景物的红外辐射。前视红外仪是热成像技术在军事上的一项重要应用，可以完成夜间监视、目标捕获、定位和指引，火炮和导弹的瞄准攻击等任务，也能作为白天或夜间无人机滑行、起飞和着陆时的辅助导航设备。前视红外仪如图1-3-16所示。

图1-3-15　CCD

图1-3-16　前视红外仪

3）合成孔径雷达

合成孔径雷达在夜间和恶劣气候条件下能有效地工作，它能够穿透云层、雾和战场遮蔽，以高分辨率进行大范围成像。目前，轻型天线和紧凑型信号处理装置的发展及成本的降低，使合成孔径雷达已经能够装备在战术无人机上。合成孔径雷达成像示意图如图1-3-17所示。

4）激光测距和激光雷达

激光测距和激光雷达是通过发射激光束探测目标的位置、速度等特征量的雷达系统。其工作原理是向目标发射探测信号（激光束），然后将接收到的从目标反射回来的信号（目标回波）与发射信号进行比较，在做适当处理后，即可获得目标的有关信息，如目标距离、方位、高度、速度、姿态，甚至形状等参数，从而对无人机、导弹等目标进行探测、跟踪和识别。激光雷达如图1-3-18所示。

2．民用任务载荷

民用无人机近年来逐渐进入人们的工作和生活，为各个领域提供了很多方便。装载了航空照相机、摄像机、红外热像仪、喷洒设备或者GPS等任务载荷的无人机，可以完成很多人们难以完成的任务。

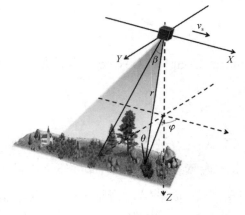

图1-3-17　合成孔径雷达成像示意图

图1-3-18　激光雷达

1）航空照相机

航空照相机是一种利用光学成像原理形成影像并使用底片记录影像的设备，是用于摄影的光学器械。图 1-3-19 所示为大疆 Zenmuse z3，这是全球首个航空变焦照相机。在现代社会生活中有很多可以记录影像的设备，它们都具备照相机的特征，如医学成像设备、天文观测设备等。

2）摄像机

摄像机可将光学图像信号转变为电信号，从而进行存储或者传输，如图 1-3-20 所示。当拍摄一个物体时，此物体反射的光被摄像机镜头收集，使其聚焦在摄像器件的受光面（如摄像管的靶面）上，再通过摄像器件把光能转变为电能，即可得到视频信号。光电信号很微弱，需先通过预放电路进行放大，再经过各种电路进行处理和调整，最后得到的标准信号可以发送到录像机等记录媒介上记录下来，或通过传播系统传播，或发送到监视器上显示出来。

3）红外热像仪

红外热像仪主要用于研发或工业检测与设备维护等场景中，在防火、夜视及安防等场景中也有广泛应用，如图 1-3-21 所示。红外热像仪利用红外探测器和光学成像物镜将被测目标的红外辐射能量分布图形反映到红外探测器的光敏元件上，从而获得红外热像图，这种热像图与物体表面的热分布场相对应。通俗地讲，红外热像仪就是将物体发出的不可见的红外能量转变为可见的红外热图像。红外热图像上的不同颜色代表被测物体的不同温度。

图 1-3-19　大疆 Zenmuse z3

图 1-3-20　摄像机

图 1-3-21　红外热像仪

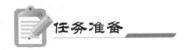
任务准备

一、外围设备、工具的准备

为完成工作任务，每个工作小组需要向仓库工作人员提供借用工具清单（见表 1-3-1）。

表 1-3-1　认识无人机的系统组成借用工具清单

序号	名称	数量	借出时间	学生签名	归还时间	学生签名	管理员签名
1							
2							
3							
4							
5							
6							
7							

二、团队分配方案

还等什么？赶快制订出工作**计划**并**实施**它。

 任务实施

一、为了更好地完成任务，你可能需要回答以下资讯

1．无人机动力系统有 3 种类型，即以电池为能源的_____系统、以燃油为动力的_____系统和_____混动系统。

2．电动系统是将_____能转化为_____能再将_____能转化为_____能，从而为无人机飞行提供动力的系统，由_____、_____、_____、螺旋桨4部分组成。

3．电调的主要功能是将飞控的_____信号进行功率放大，并向各开关管送去能使其饱和导通及可靠截止的_____信号，以控制电动机的转速。

4．燃油类发动机工作过程是将_____能转换为_____能，常用的燃油类发动机有_____发动机和_____发动机。

5．无人机控制站通常由_____和_____设备组成，是无人机系统的重要组成部分，主要功能是监测和控制无人机的_____、_____、_____、通信链路等，并对一些故障予以及时报警并采取相应的诊断处理措施。

6．有效载荷是无人机任务的_____单元。控制站根据任务要求实现对有效载荷的控制，并通过对有效载荷_____的显示来实现对任务_____情况的监管。

7．无人机任务规划主要包括_____战术信息、_____任务区域地图、_____飞行路线及向_____提供规划数据等。无人机位置监控及航线的地图显示主要便于驾驶员实时地监控_____的状态和_____。

8．无人机的通信链路用于_____、_____和_____无人机收集的信息。

9．无人机任务载荷系统是指装备到无人机上用以实现无人机飞行所要完成的特定任务的_____、_____及其_____。

10．军用无人机安装的光电侦察设备主要有_____、前视红外仪、合成孔径雷达、_____和_____等。

11．民用无人机主要装载了_____照相机、摄像机、_____、喷洒设备或者_____等任务载荷。

二、工作任务实施

1. 认识无人机系统

图 1-3-22 所示为无人机的系统示意图。查阅资料，同时回答以下问题，提升对无人机系统的认知。

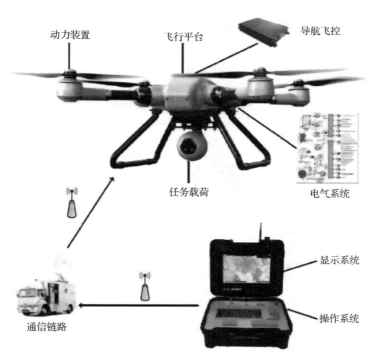

图 1-3-22　无人机的系统示意图

（1）简述无人机电动系统的组成。

（2）简述无人机控制站的组成及功能。

2. 认识无人机任务载荷

对照表 1-3-2 中的图片，查阅资料，找出军用任务载荷和民用任务载荷，并了解其功能。

表 1-3-2　常见的无人机军用任务载荷和民用任务载荷

序号	名称	图示	主要用途
1			
2			

续表

序号	名称	图示	主要用途
3			
4			
5			
6			

完成了？仔细**检查**，客观**评价**，及时**反馈**。

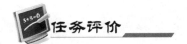任务评价

一、成果展示

各小组派代表上台总结在完成任务的过程中学会了哪些技能，发现错误后是如何改正的，并展示成果。

二、学生自我评估与总结

_____。

三、小组评估与总结

_____。

四、教师评估与总结

_____。

五、各小组对工作环境的 6S 现场管理

在小组和教师都完成工作任务总结以后，各小组必须对自己的工作环境进行 6S 现场管理，即整理、整顿、清扫、清洁、安全、素养；归还所借的工具和实习工件。

六、评价表

认识无人机系统组成评价表如表 1-3-3 所示。

表 1-3-3　认识无人机系统组成评价表

班级：_____ 小组：_____ 姓名：_____				指导教师：_____ 日期：_____				
评价项目	评价标准	评价依据	评价方式			权重	得分小计
			学生自评 20%	小组互评 30%	教师评价 50%		
职业素养	1. 遵守企业规章制度、劳动纪律 2. 按时按质完成工作任务 3. 积极主动承担工作任务，勤学好问 4. 人身安全与设备安全 5. 工作环境 6S 现场管理完成情况	1. 出勤 2. 工作态度 3. 劳动纪律 4. 团队协作精神				0.3	
专业能力	1. 能叙述无人机动力系统的分类及特点 2. 能叙述无人机电动系统的组成及各组成部分的作用 3. 能叙述无人机控制站的组成及功能 4. 会分辨电动系统、油动系统和油电系统无人机 5. 能说出军用任务载荷和民用任务载荷的功能	1. 操作的准确性和规范性 2. 任务或项目技术总结完成情况 3. 专业技能任务完成情况				0.5	
创新能力	1. 在任务完成过程中能提出有一定见解的方案 2. 在教学或生产管理上提出具有创新性的建议	1. 方案的可行性及意义 2. 建议的可行性				0.2	
合计							

项目二

无人机组装材料及常用工具的使用

 项目目标

知识目标：

    1. 能掌握无人机结构加强材料的种类和特点

    2. 能掌握无人机结构组装材料的种类和特点。

    3. 能掌握常用无人机组装工具的使用方法及注意事项。

    4. 能掌握无人机组装工具的选择方法。

能力目标：

    1. 会分辨无人机黏合连接材料与结构连接材料。

    2. 会分辨和使用常用无人机组装工具。

    3. 会使用桨平衡器修复无人机螺旋桨。

项目描述

    无人机材料主要包括结构加强材料和结构组装材料。无人机的装调包括机械组装、电气组装和相关调试工作，在组装与调试过程中会用到各种工具、材料。常用的工具有螺钉旋具、水口钳和斜口钳、剥线钳、内六角扳手、扳手、小型台钳、手工锯、锉刀、万用表、电烙铁、风枪焊台、热熔胶枪、舵机测试器和桨平衡器等。本项目主要包括：认识无人机组装材料、无人机组装常用工具的使用两个任务，要求通过两个任务的学习，进一步掌握无人机结构加强材料和结构组装材料的性能特点，掌握无人机组装常用工具的使用方法，并学会使用无人机组装常用工具。

任务 1　认识无人机组装材料

 **学习目标**

知识目标：

    1. 能掌握无人机结构加强材料的种类和特点。

    2. 能掌握无人机结构组装材料的种类和特点。

38

能力目标：

会分辨无人机黏合连接材料与结构连接材料。

 工作任务

无人机材料主要包括结构加强材料和结构组装材料。本任务的主要内容：通过学习，掌握无人机结构加强材料和结构组装材料的种类及特点，并通过实物和图片分辨出常见的无人机黏合连接材料与结构连接材料。

 相关知识

一、结构加强材料

采用单一材料不能满足无人机结构的受力要求，因此，无人机结构在设计和制作过程中，经常采用不同材料相互加强的方式来增加其结构的力学性能。一般情况下，结构加强过程中常用的材料如下。

1. 碳纤维复合材料

碳纤维复合材料已广泛应用在航空航天、船舶、汽车等领域。碳纤维复合材料的质量约是等体积钢材的五分之一，运输和施工安装都非常方便。与塑料制品相比，其强度是塑料制品的几十倍。轻质量、高强度是碳纤维复合材料的显著特点。

碳纤维复合材料的特点具体如下。

① 耐腐蚀，抗老化，使用寿命长。碳纤维制品耐酸、碱、盐、部分有机溶剂及其他腐蚀性物质侵蚀，在防腐蚀领域有其他金属无法比拟的优越性，且有较好的耐水性和抗老化性，可在腐蚀性的环境和露天、潮湿的环境作业，使用寿命可达15年。

② 安全性好，抗冲击好，可设计性高。碳纤维制品具有优良的电绝缘性，无磁性，无电火花，可根据用户需要进行防阻燃处理，允许重复弯曲而无永久变形，有较好的抗冲击和抗疲劳性能，还可以根据实际需求设计成不同的形状。

在常见航测固定翼或大型航拍旋翼无人机的设计和制作中，使用碳纤维进行结构加强是一种常用的方法，尤其是由3K碳纤维加工成型的产品，有着极高的拉压扭转强度，且质量非常小，易切割，价格也相对便宜，得到了无人机厂商的一致青睐，常用于机翼内部及机翼对接处。碳纤维如图2-1-1所示。

2. 凯夫拉纤维

凯夫拉纤维是美国杜邦公司研发的世界第一款芳纶纤维的注册商标名，在实现商业生产后，被广泛应用于军工防护、航天航空、通信线缆、运动休闲等领域，目前有美国、日本、韩国、中国等少数国家能批量生产，如图 2-1-2 所示。相较于传统钢铁材料，其强度为等同质量钢铁的五倍，但密度仅为钢铁的五分之一，且具有高强度耐高温及可塑性强的特点，在无人机行业被广泛使用，主要应用于结构件之间以加强表面不光滑结构件之间的捆绑连接。

图 2-1-1　碳纤维

图 2-1-2　凯夫拉纤维

二、结构组装材料

在将不同的单元部件组装成一架完整的无人机系统的过程中，需要利用结构组装材料对不同的单元部件进行组装，组装形式包括黏合连接和结构连接，涵盖的材料包括以下几种。

1. 纤维胶带

纤维胶带是以 PET 为基材，内有增强的聚酯纤维线，涂覆特殊的压敏胶的一种胶带，如图 2-1-3 所示。纤维胶带具有高抗拉强度、优异的耐磨及抗潮能力、防裂纹、不变质、不起泡沫，以及优秀的自黏性、优良的耐碱性及绝缘导热性、耐高温的特性，生活中主要用于纸箱包装的封口固定，以及家庭水管漏水防水。在无人机领域，纤维胶主要用于结构件之间的固定与加强。双面的纤维胶带更适用于橡胶产品的粘贴。

2. 纸胶带

纸胶带表面材料为纸，其优点就是撕下后不会有残留的胶，黏合表面的光滑性不会因为粘过胶带而受损；其缺点就是黏合力不大，如图 2-1-4 所示。在无人机领域，纸胶带主要用于固定一些不需要太大黏合力的临时结构，如塑料纸标志和接收机天线的固定。

3. 502 胶水

502 胶水是一种无色透明、低黏度、稍有刺激味、易挥发的可燃性液体，如图 2-1-5 所示。502 胶水遇水气即会迅速固化，固化后无毒。

图 2-1-3　纤维胶带

图 2-1-4　纸胶带

图 2-1-5　502 胶水

4．704 硅橡胶

704 硅橡胶是一种黏结性好、黏结强度高、无腐蚀的单组分室温硫化硅橡胶，如图 2-1-6 所示。因其具有绝缘性好、密封性高和耐老化等特点，在无人机领域多在一些线路接口处用于密封防水。

5．环氧树脂胶

环氧树脂胶一般是指以环氧树脂为主体制得的胶黏剂，如图 2-1-7 所示，环氧树脂胶一般应搭配环氧树脂固化剂使用。

图 2-1-6　704 硅橡胶

图 2-1-7　环氧树脂胶

6．热熔胶

热熔胶是一种具有可塑性的黏合剂，在一定温度范围内其化学特性不变，但物理状态随温度的改变而改变，无毒无味，属环保型化学产品，如图 2-1-8 所示。热熔胶加热后成为液态，通过热熔胶机的热熔胶管和热熔胶枪，将其送到被黏合物表面，待冷却后即可完成黏结。

7．双面胶

相较于普通的胶带，双面胶具有双面黏合力，因此具有可以深入黏结的能力，如图 2-1-9 所示。普通胶带只能做到表面结构的加强，而双面胶带可以完成内部的黏合。例如，两张亚克力板内部贴双面胶带，其黏合强度将会很高。

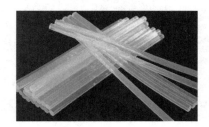

图 2-1-8　热熔胶

图 2-1-9　双面胶

8．泡沫胶

如图 2-1-10 所示，泡沫胶是一种无色、透明、无腐蚀性、黏性强、无毒的黏稠液体。泡沫胶用于 KT 板、EPS、EPO 等泡沫材料之间的黏合，如泡沫与泡沫、KT 板与泡沫、KT 板与木头、KT 板与金属、不同塑料等之间的黏结。

9. 螺丝胶

螺丝胶又称螺丝固定剂或厌氧胶，主要用于螺丝和螺母的螺纹连接处，如图 2-1-11 所示。使用方法是将螺丝胶均匀涂抹在螺丝的螺纹上，然后将螺丝与螺母组装。螺丝胶可以让螺丝在作业中不脱落，还可以防锈。在自然状态下，螺丝胶使用后至完全固化需要 6～8 小时。

图 2-1-10　泡沫胶

图 2-1-11　螺丝胶

10. 普通螺栓

普通螺栓适用于连接两个较薄的零件。在被连接件上的通孔中插入螺栓后，在螺栓的另一端拧上螺母，如图 2-1-12 所示。普通螺栓连接结构简单，拆装方便，钉杆与通孔之间有间隙，通孔的加工要求较低。

11. 双头螺栓

双头螺栓用于被连接件较厚不宜于用螺栓连接，而且较厚的被连接件强度较差，并需要经常拆卸的情况，如图 2-1-13 所示。在厚零件上做螺纹孔，薄零件上做光孔，将螺柱扭入螺纹孔，用螺母压紧薄件。在拆卸时，只需旋下螺母不必拆下双头螺柱。这样，可避免大型被连接件上的螺纹孔损坏，且螺丝不易丢失。

图 2-1-12　普通螺栓

图 2-1-13　双头螺栓

12. 螺钉

螺钉可直接旋入被连接件的螺纹孔中，不需要用螺母，如图 2-1-14 所示。该螺钉连接结构比双头螺栓连接结构简单，用于两个连接件中一个较厚，但不需要经常拆卸的情况。

13. 紧固螺钉

紧固螺钉通过旋入零件螺纹孔中的螺纹末端顶住另一零件的表面或顶入另一零件上的凹

坑中，以固定两个零件的相对位置，如图 2-1-15 所示。紧固螺钉连接结构简单，有的可任意改变零件在周向和轴向的位置，如电气开关旋钮的固定。

图 2-1-14　螺钉

图 2-1-15　紧固螺钉

14．机器沉头螺钉

机器沉头螺钉用于强度要求不高，螺纹直径小于 10mm，螺钉拧入机体的情况，如图 2-1-16 所示。机器钻头螺钉连接中的螺钉头全部或局部沉入被连接件，这种连接结构多用于要求外表面平整光洁的情况。

15．自攻螺钉

自攻螺钉常用于连接强度要求不高的情况，如图 2-1-17 所示，被连接件可以是低碳钢、塑料、有色金属制品或硬质木材，一般应预先制出底孔。若采用带钻头部分的自钻自攻螺钉，则不需预制底孔。

图 2-1-16　机器沉头螺钉

图 2-1-17　自攻螺钉

16．木螺钉

木螺钉一般用于木结构的连接，如图 2-1-18 所示。木质件视其材质的硬度和木螺钉的长度，可以预制出一定大小和深度的预制孔。

17．自攻锁紧螺钉

自攻锁紧螺钉（见图 2-1-19）为弧形三角截面，螺钉表面有淬硬层，可拧入金属材料的预制孔内，通过挤压形成内螺纹。

图 2-1-18　木螺钉

图 2-1-19　自攻锁紧螺钉

自攻锁紧螺钉有低拧紧力矩、高锁紧性能，这种连接件使用方便、省时、安全可靠，常用于密集采用紧固件连接的情况，已在家用电器、电工和汽车工业中大量使用。

18．卡扣

卡扣又称锁扣，用于扣紧两个物品，常安装在门窗上用于锁闭门窗，大多为不锈钢材质，如图 2-1-20 所示。卡扣一般由活动部分和固定部分构成，通过活动部分与固定部分的结合与分离实现连接件的关闭与开启，使用方便、安全、牢固、防震、紧固性强，使用寿命也非常长。卡扣根据用途的不同，可以分为很多种，如箱包卡扣、蝴蝶卡扣、军用卡扣、铝箱卡扣、航空箱卡扣，其用途十分广泛。在无人机领域中，卡扣多用于航空运输箱及飞机可折叠机翼连接处的固定。

19．合页

合页又名合叶，学名为铰链，如图 2-1-21 所示，常见组成方式为两折式，是连接物体两个部分并使之能活动的部件。在无人机行业领域中，合页多用于机翼航面的安装与活动，以及可开放机舱的固定。

图 2-1-20　卡扣

图 2-1-21　合页

一、外围设备、工具的准备

为完成工作任务，每个工作小组需要向仓库工作人员提供借用工具清单（见表 2-1-1）。

表 2-1-1　认识无人机组装材料借用工具清单

序号	名称	数量	借出时间	学生签名	归还时间	学生签名	管理员签名
1							
2							
3							
4							
5							
6							
7							

二、团队分配方案

还等什么？赶快制订出工作**计划**并**实施**它。

一、为了更好地完成任务，你可能需要回答以下资讯

碳纤维复合材料具有哪些性能特点？在常见航测固定翼或大型航拍旋翼无人机的设计和制作中，碳纤维复合材料常用在什么地方？

二、工作任务实施

图 2-1-22 所示为 19 种无人机结构组装材料的图片，查阅资料，按黏合连接和结构连接进行分类，并将结果填入表 2-1-2 中。

纤维胶带

纸胶

502 胶水

704 硅橡胶

环氧树脂胶

热熔胶

双面胶

泡沫胶

螺丝胶

普通螺栓

双头螺栓

螺钉

紧固螺钉

自攻螺钉

机器沉头螺钉

木螺钉

自攻锁紧螺钉

卡扣

合页

表 2-1-2　常见的无人机黏合连接材料与结构连接材料

黏合连接材料	结构连接材料

完成了？仔细检查，客观评价，及时反馈。

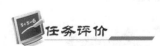 任务评价

一、成果展示

各小组派代表上台总结在完成任务的过程中学会了哪些技能，发现错误后是如何改正的，并展示成果。

二、学生自我评估与总结

_____。

三、小组评估与总结

_____。

四、教师评估与总结

_____。

五、各小组对工作环境的现场管理

在小组和教师都完成工作任务总结以后，各小组必须对自己的工作环境进行 6S 现场管理，即整理、整顿、清扫、清洁、安全、素养；归还所借工具和实习工件。

六、评价表

认识无人机组装材料评价表如表 2-1-3 所示。

表 2-1-3　认识无人机组装材料评价表

班级：_____ 小组：_____ 姓名：_____			指导教师：_____ 日期：_____				
评价项目	评价标准	评价依据	评价方式			权重	得分小计
			学生自评 20%	小组互评 30%	教师评价 50%		
职业素养	1. 遵守企业规章制度、劳动纪律 2. 按时按质完成工作任务 3. 积极主动承担工作任务，勤学好问 4. 人身安全与设备安全 5. 工作环境 6S 现场管理完成情况	1. 出勤 2. 工作态度 3. 劳动纪律 4. 团队协作精神				0.3	
专业能力	1. 能叙述无人机结构加强材料的种类和特点 2. 能叙述无人机结构组装材料的种类和特点 3. 会分辨无人机黏合连接材料与结构连接材料	1. 操作的准确性和规范性 2. 任务或项目技术总结完成情况 3. 专业技能任务完成情况				0.5	
创新能力	1. 在任务完成过程中能提出有一定见解的方案 2. 在教学或生产管理上提出具有创新性的建议	1. 方案的可行性及意义 2. 建议的可行性				0.2	
合计							

任务 2 无人机组装常用工具的使用

 学习目标

知识目标：

1. 能掌握常用无人机组装工具的使用方法及注意事项。
2. 能掌握桨平衡器的使用方法。
3. 能掌握无人机组装工具的选择方法。

能力目标：

1. 会分辨和使用无人机组装常用工具。
2. 会使用桨平衡器修复无人机螺旋桨。

 工作任务

无人机的装调包括机械组装、电气组装和相关调试工作，组装与调试过程中会用到各种工具、材料。常用的工具有螺钉旋具、水口钳和斜口钳、剥线钳、内六角扳手、扳手、小型台钳、手工锯、锉刀、万用表、电烙铁、风枪焊台、热熔胶枪、舵机测试器和桨平衡器等。本任务的主要内容就是：通过学习，掌握常用无人机组装工具的使用方法及注意事项，能通过实物和图片分辨出常见的无人机组装工具，以及能使用桨平衡器修复无人机螺旋桨。

 相关知识

一、螺钉旋具

螺钉旋具（见图 2-2-1）是用来拧螺钉的，按不同的刀头形状可以分为一字形、十字形、米字形、星形、方头、六角头和"Y"形头等，其中一字形螺钉旋具、十字形螺钉旋具、内六角螺钉旋具是生活中常用的。

一字形螺钉旋具如图 2-2-1（a）左图所示，型号表示为"刀头宽度×刀杆长度"。例如，2mm×75mm，表示刀头宽度为 2mm，金属杆长为 75mm（非全长）。

十字形螺钉旋具如图 2-2-1（a）右图所示，型号表示为"刀头型号×刀杆长度"。例如，2 号×75mm，表示刀头为 2 号，金属杆长为 75mm（非全长）。有些厂家用 PH2 来表示 2 号刀头。可以通过金属杆的粗细，来估计刀头型号，但工业上的刀头型号为 0 号、1 号、2 号、3 号、4 号，对应的金属杆粗细大致为 3.0mm、4.0mm、6.0mm、8.0mm、9.0mm。

内六角螺钉旋具如图 2-2-1（b）所示，型号表示为六角对边的距离，常见的型号有 1.5mm、

2.0mm、2.5mm、3.0mm、4.0mm、5.0mm。

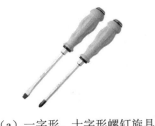

（a）一字形、十字形螺钉旋具　　　　　　　　（b）内六角螺钉旋具

图 2-2-1　螺钉旋具

螺钉旋具使用注意事项如下：

① 使用时，右手握住手柄，手心抵住柄端，手柄旋具和螺钉同轴心，压紧时用手腕扭转手柄；松动时用手心轻压手柄，用拇指、中指、食指快速扭转手柄。

② 使用长杆螺钉旋具，可用左手协助压紧和拧动手柄。

③ 螺钉旋具应与螺钉槽口大小、宽窄、长短相适应，刀口不得残缺，以免损坏槽口。

④ 不可用锤子敲击手柄，不可将螺钉旋具用作凿子、杠杆，刃口不可磨削，以免破坏硬化表面。

⑤ 不可用扳手或者其他工具来增加手柄端的阻力，以免破坏手柄；螺钉旋具不可放在衣服或者裤子口袋，以免碰撞或跌倒时造成人身伤害。

二、水口钳和斜口钳

水口钳和斜口钳如图 2-2-2 所示。

水口钳和斜口钳的区别：水口钳用来剪掉多余的线头、电子元器件引脚或扎带，刀口比较薄且锋利，适用于剪细铜线和塑料橡胶等材料，铜线被剪断后其切口是平的，塑料被剪断后其切口是齐整的；斜口钳刀口比较厚，可以剪粗一点的铜线和铁线，铜线被剪断后切口是斜的。被斜口钳剪断的铁丝的切口形状是"V"形，被水口钳剪断的铁丝的切口形状是"|"形。

（a）水口钳　　　　　　　　　　　　　　　　（b）斜口钳

图 2-2-2　水口钳和斜口钳

水口钳和斜口钳使用注意事项如下：

① 禁止剪钢丝、粗铁丝及较硬的物品。

② 禁止敲打，不可用作杠杆。

③ 使用时，尽量避免对准身体，防止打滑伤人。

④ 用完后清理脏污，并涂油保养，以防刃口氧化。

三、剥线钳

剥线钳是用来剥除电线、电缆端部橡皮塑料绝缘层的专用工具。剥线钳由刀口、压线口和绝缘钳柄组成，如图 2-2-3 所示。剥线钳的刀口上有多个直径不同的切口，可适应不同规格的线芯剥削，常用于剥除线芯截面积为 $6mm^2$ 以下的塑料或橡胶绝缘导线的绝缘层。

 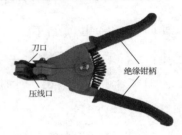

图 2-2-3　常见的剥线钳

在用剥线钳剥除导线绝缘层时，将导线放在大于金属线芯直径的刀口中，确定要剥线的长度，紧握一下钳柄，导线绝缘层即被剥除，如图 2-2-4 所示。

图 2-2-4　用剥线钳剥除导线绝缘层

电子线路装配时常用的剥线钳如图 2-2-5 所示，它是利用调节旋钮来剥削不同线径导线绝缘层的，但调节不当时容易伤及线芯。在装配电子线路时，用这种剥线钳剥削排线非常方便。

图 2-2-5　电子线路装配时常用的剥线钳

剥线钳的使用方法如下：

① 根据电缆线的粗细型号，选择相应的剥线刀口。

② 将准备好的电缆放在剥线工具的刀刃中间，确定要剥线的长度。

③ 握住剥线工具手柄，将电缆夹住，缓缓用力使电缆外表皮慢慢剥落。

④ 松开工具手柄，取出电缆线，这时电缆金属整齐露出，其余绝缘塑料完好无损。

四、内六角扳手

内六角扳手如图 2-2-6 所示，它通过扭矩对螺钉施加作用力，大大降低了使用者的用力强度。内六角螺钉与一字形、十字形螺钉在使用时候的受力不一样，一字形和十字形螺钉需要人用轴向力压住再拧，容易拧花螺钉头；而内六角螺钉则是将内六角扳手插入螺钉头后通过内六角扳手给螺钉施加一个旋转力就行，不容易打滑，可以拧得更紧。一般受力比较大的地方采用内六角螺钉来连接。

图 2-2-6 内六角扳手

内六角扳手使用注意事项如下：

① 用于紧固或起松标准规格的内六角螺栓。

② 紧固或起松的力矩较小。

③ 内六角扳手的选用应与螺栓或螺母的内六方孔相适应，不允许使用套筒等加长装置，以免损坏螺栓或扳手。

④ 使用前要正确区分螺栓的规格（公制或英制），以选择正确规格的内六角扳手。

五、扳手

扳手是用来紧固和起松螺母的一种专用工具，常见的扳手有固定扳手、活络扳手、外六角扳手等，如图 2-2-7 所示。无人机无刷电动机大多采用的是六角螺母或者带子弹头的六角螺母，所以在无人机的装调过程中常用扳手拆装螺旋桨。固定扳手的扳口或套口尺寸固定，在拆卸时不易损坏螺栓和螺母，能在一些特殊的位置使用。

（a）固定扳手

（b）活络扳手

（c）外六角扳手

图 2-2-7 扳手

1. 固定扳手使用注意事项

① 固定扳手开口大小的选择应与螺栓、螺母头部的尺寸一致。

② 固定扳手开口厚的一边应置于受力大的一侧。

③ 扳动时以拉动为好，若必须推动，为防止伤手，可用手掌推动。

④ 多用于紧固或起松标准规格的螺栓或螺母。

⑤ 不可用于紧固力矩较大的螺母或螺栓。

⑥ 可以上下套入或者横向插入。

2. 活络扳手使用注意事项

① 活络扳手的开度可以自由调节，适用于不规则的螺栓或螺母。

② 使用时，应将钳口调整到与螺栓或螺母的对边距离同宽，并使其紧密贴合，让活络扳手可动钳口承受推力，固定钳口承受拉力。

③ 活络扳手在扳动较大螺母时，所用力矩较大，手应握在手柄尾部，如图 2-2-8（a）所示。在扳动较小螺母时，为防止卡口处打滑，手应握在接近头部位置，且用拇指调节和稳定涡轮，如图 2-2-8（b）所示。

④ 不可将活络扳手当作铁锤敲击，不可在活络扳手手柄端套上管子来增加扳手的扭矩。

⑤ 活络扳手的开口尺寸能在一定范围内任意调节，应向固定边施力，绝不可向活动边施力。

⑥ 限于拆装开口尺寸限度以内的螺栓、螺母，对于不规则的螺栓、螺母，活动扳手能发挥更好的作用。

⑦ 不可用于紧固力矩较大的螺栓、螺母，以防损坏活络扳手活动部分；若活络扳手开口有磨损或使用时有打滑现象，则不可再继续使用，以免发生事故。

⑧ 原则上能使用套筒扳手时不使用梅花扳手，能使用梅花扳手时不使用固定扳手，能使用固定扳手时不使用活络扳手。

（a）扳动大螺母时的握法　　　　　　　（b）扳较小螺母时的握法

图 2-2-8　活络扳手的握法

六、小型台钳

小型台钳又称虎钳、台虎钳，如图 2-2-9 所示，是夹持、固定工件以便进行加工的一种工具，使用十分广泛。台钳为钳工必备工具，其大部分工作都是在台钳上完成的，比如锯、锉、凿，以及零件的装配和拆卸。台钳安装在钳工台上，以钳口的宽度为标定规格，常见规格为75～300mm。小型台钳因其体积小、质量轻，可以在多种场合使用，如工作台、办公桌等，在组装与调试无人机时可以用来夹紧碳管、碳纤维板，也可用来夹持电子元器件。

小型台钳使用注意事项如下：

① 使用前要检查其表面有无裂纹或损坏，禁止使用不符合规定的小型台钳。

图 2-2-9　小型台钳

② 小型台钳使用前要检查其机械各部位是否保持正常状态，固定螺钉有无松动等现象，转动部分是否灵活，活动钳体是否能自由往返，不得有部件过紧现象。

③ 小型台钳的开口度与夹紧力应符合标准规定。

④ 台钳是手动工具，在夹持工件时，不得附加手柄，被夹持工件必须夹持牢固，火花飞出方向不应对着人及易燃物品。

⑤ 在操作过程中不宜用力过猛。

⑥ 开口量在规格范围内。

⑦ 活动零件应该经常注油，用后擦净。

⑧ 用后要清理现场，并定期检查。

七、手工锯

手工锯如图 2-2-10 所示。在组装与调试无人机时，经常需要加工碳管、碳纤维板等零配件，在不方便进行机加工时，可以用手工锯进行简单的制作。

图 2-2-10　手工锯

手工锯使用注意事项如下：

① 锯条的安装，应使齿尖朝着向前推的方向。

② 锯条的松紧程度要适当，过紧，容易在使用过程中崩断；过松，容易在使用过程中扭曲、摆动，使锯缝歪斜，也容易折断锯条。

③ 在进行锯断操作时，一般以右手握住锯柄，加压力并向前推锯；以左手扶正锯弓，根据加工材料的状态（板料、管材、圆棒）可以做直线式或者上下摆动式的往复运动，向前推锯时应该均匀用力，向后拉锯时双手应自然放松。快要锯断时，应注意轻轻用力。

④ 使用手工锯时，要明确工件的夹紧位置，不允许怀抱小型台钳进行锯削。

八、锉刀

在手工制作和加工零件后，如桌面机床加工、锯销加工、钻孔加工后，零件上会残留锋利的毛刺，如不去除，不仅容易割伤人，由于材质结构（编织状）碳纤维还容易损坏，所以必须用锉刀将棱角打磨平整。常用的锉刀有什锦锉和普通锉，如图 2-2-11 所示。

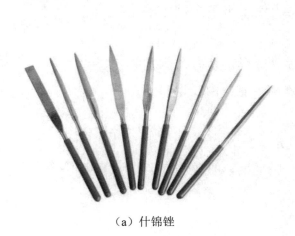
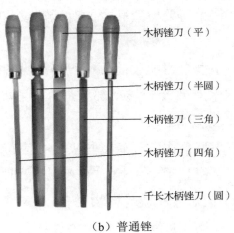

木柄锉刀（平）

木柄锉刀（半圆）

木柄锉刀（三角）

木柄锉刀（四角）

千长木柄锉刀（圆）

（a）什锦锉　　　　　　　　　　（b）普通锉

图 2-2-11　锉刀

锉刀使用注意事项如下：

① 不准用细锉刀锉软金属。

② 不准用新锉刀锉硬金属，不准用锉刀锉淬火材料。

③ 有硬皮或黏砂的锻件和铸件，须在砂轮机上将其磨掉后，才可用半锋利的锉刀锉削。

④ 新锉刀先使用一面，当该面磨钝后再使用另一面。锉削时，要经常用钢丝刷清除锉齿上的切屑。

⑤ 锉刀不可叠放或者和其他工具堆放在一起。

⑥ 用锉刀时不宜速度过快，否则容易使锉刀过早磨损。

⑦ 锉刀要避免沾水、沾油或者其他脏污。

九、手电钻

手电钻是手工制作、维修必备工具，可用来钻孔、攻螺纹、拧螺钉等，常用的有充电式手电钻和 220V 插电式手电钻，如图 2-2-12 所示。

手电钻使用注意事项如下：

① 在使用手电钻时不准戴手套，以防手套被缠绕。

② 使用前检查手电钻是否接地，核对电压是否相符；通电后，先空转，检查旋转方向是否正常。

③ 钻孔前，要确定钻头装夹位置是否合适，是否紧固到位。

④ 钻孔时，孔在即将钻透时，要适当减小手电钻的进给量，适当减小身体压力，避免进给量过大，造成手电钻从手中脱落或者折断，造成安全事故。

⑤ 操作时发现手电钻内部出现打火声、异味、冒烟应停止使用。

⑥ 装卸钻头应在手电钻完全停止转动并断电后进行，不准用锤子和其他器件敲打钻头。

⑦ 操作完成或移动手电钻时应断电。

（a）充电式手电钻　　　　　　　　　　　（b）插电式手电钻

图 2-2-12　手电钻

十、万用表

万用表的主要功能是测交/直流电压、电阻和直流电流等，功能多的万用表还可测交流电流、电容、三极管放大倍数和频率等，一般分为数字式万用表［见图 2-2-13（a）］和机械式万用表［见图 2-2-13（b）］。在无人机组装与调试过程中经常需要测量锂电池电压、飞控电源输入电压、电调电压、摄像头电压、图传电压、线路通断和分电板分电情况等。

（a）数字式万用表　　　　　　　　　　　（b）机械式万用表

图 2-2-13　万用表

万用表使用注意事项如下：

① 万用表在使用前，应先进行机械调零，即在没有被测电量时，使万用表指针指在零电压或零电流的位置。

② 万用表在使用时，必须水平放置，以免造成误差。

③ 要注意避免外界磁场对万用表的影响。

④ 万用表在使用过程中，不能用手去接触表笔的金属部分，以保证测量的准确性及人身安全。

⑤ 不能在测量的同时进行换挡，尤其是在测量高电压或大电流时，否则会使万用表毁坏。如需换挡，应先断开表笔，换挡后再测量。

⑥ 万用表使用完毕，应将转换开关置于交流电压的最大挡。如果长期不使用，还应将万用表内部的电池取出，以免电池腐蚀万用表内的其他元器件。

十一、电烙铁

电烙铁是用来焊接电子元器件和导线的工具，如图 2-2-14 所示，在电子制作及维修过程

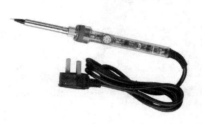

图 2-2-14　电烙铁

中是必不可少的工具。按机械结构不同，电烙铁可分为外热式电烙铁和内热式电烙铁；按功能不同，电烙铁可分为无吸锡式电烙铁和吸锡式电烙铁；按用途不同，电烙铁可分为大功率电烙铁和小功率电烙铁。电烙铁主要根据功率大小和烙铁头形状来选择。

电烙铁使用注意事项如下：

① 电烙铁使用前应检查使用电压是否与其标称电压相符。

② 电烙铁应该接地。

③ 电烙铁通电后不能任意敲击、拆卸及安装其电热部分零件。

④ 电烙铁应保持干燥，不宜在过分潮湿或淋雨环境中使用。

⑤ 拆烙铁头时，要关掉电源。

⑥ 关掉电源后，利用余热在烙铁头上上一层锡，以保护烙铁头。

⑦ 当烙铁头上有黑色氧化层时，可用砂布擦去，然后通电，并立即上锡。

⑧ 用吸水的海绵来收集锡渣和锡珠，海绵的吸水量为用手捏刚好不出水。

⑨ 电烙铁用完要及时保养。

十二、风枪焊台

风枪焊台（见图 2-2-15）又名热风台或热风拆焊台，是利用发热电阻丝的枪芯吹出的热风对元器件进行焊接与摘取元器件的工具。风枪焊台从本质上说是电烙铁的一种，是在电子焊接发展过程中因为焊接技术的发展要求出现的新的焊接工具。与电烙铁相比，在外观上，风枪焊台多了一个调温台，在性能上，风枪焊台温度控制更精准、升温更快。风枪和焊台组合在一起的叫风枪焊台一体机，如图 2-2-15（c）所示。

风枪焊台使用注意事项如下：

① 禁止用热风枪取暖，操作结束或者离开时确定已经切断工具电源。

② 操作时严禁出风口朝向人员或易燃易爆的物品。

③ 操作时发现严重打火声、怪声、异味、冒烟等应停止使用。

④ 操作时严禁触摸出风口。

⑤ 放置一旁暂停使用时，必须将加热口朝上垂直放置。

（a）数字式　　　　　　　（b）机械式　　　　　　（c）风枪焊台一体机

图 2-2-15　风枪焊台

十三、热熔胶枪

热熔胶枪是一款方便快捷的黏胶工具，如图 2-2-16 所示。热熔胶与液体胶水相比优点是黏固的速度快，效率高；缺点是胶体比较重，对一些起飞质量有严格要求的无人机来说不太适合。

热熔胶枪使用注意事项如下：

① 使用前检查接地线、电源线连接是否正常，确定正常后方可使用。

图 2-2-16　热熔胶枪

② 在操作结束或者临时离开时，确定已经切断工具电源。

③ 操作时严禁加热，以免碰伤人员或损坏物品。

④ 放置一旁暂停使用时，必须放置在托架上，加热头朝下，严禁倒置。

⑤ 涂胶时操作人员应戴手套，避免烫伤。

十四、舵机测试器

舵机测试器如图 2-2-17 所示，主要用来检测舵机的虚位、抖动和中位，也可用来测量无刷电动机的接线和转向的对应关系。

十五、桨平衡器

螺旋桨装在无人机上高速旋转，转速高达数万转每分钟，如果其平衡性不好，会影响飞行的平稳性，且会产生震动、噪声等。因此，螺旋桨的动平衡和静平衡非常重要，好的静平衡是动平衡的基础。桨平衡器可以用来检测桨叶的静平衡，如图 2-2-18 所示。

图 2-2-17　舵机测试器

理想的静平衡状态是螺旋桨无论处于什么角度均能自行静止，如果某桨叶某一边在静止时总是"下沉"，应找出该桨叶两边的差异，并且进行修复，修复后再进行测试，直到合格。修复的方法有以下两种。

① 削剪法：用刀对"下沉"的那片桨叶进行削剪，或用砂纸对其进行打磨，从而使两叶片质量一样，最终达到水平平衡。

② 增重法：增加轻的叶片的质量，如贴胶布、滴胶水、涂指甲油、喷漆，使两片桨叶质量一样，最终达到水平平衡。

图 2-2-18　桨平衡器

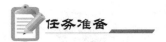任务准备

一、外围设备、工具的准备

为完成工作任务，每个工作小组需要向仓库工作人员提供借用工具清单（见表 2-2-1）。

表 2-2-1　无人机组装常用工具的使用借用工具清单

序号	名称	数量	借出时间	学生签名	归还时间	学生签名	管理员签名
1							
2							
3							
4							
5							
6							
7							

二、团队分配方案

还等什么？赶快制订出工作计划并实施它。

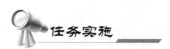

任务实施

一、为了更好地完成任务，你可能需要回答以下资讯

1. 舵机测试器主要用来检测舵机的_____、_____和_____，也可用来测量无刷

电动机的接线和＿＿＿＿＿的对应关系。

2．剥线钳常用于剥除线芯截面为＿＿＿＿＿以下塑料或橡胶绝缘导线的绝缘层。

3．风枪焊台又名热风台或热风拆焊台，是利用发热＿＿＿＿＿的枪芯吹出的热风来对元器件进行＿＿＿＿＿与＿＿＿＿＿元器件的工具。

4．桨平衡器可以用来检测桨叶的＿＿＿＿＿平衡。

二、工作任务实施

1．认识无人机组装常用工具

观察图 2-2-19 所示工具袋中的工具，完成填空。

2．桨平衡器的使用

有一个桨叶静止时一边总"下沉"，对照图 2-2-20 所示的桨平衡器图片，查阅资料，完成对桨叶的修复。

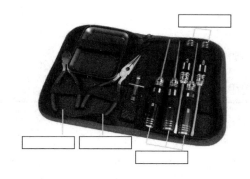

图 2-2-19　无人机组装工具袋

图 2-2-20　桨平衡器

在运用桨平衡器进行桨叶修复过程中遇到了哪些问题，是如何处理的，记录在表 2-2-2 中。

表 2-2-2　桨叶修复情况记录表

所遇到的问题	解决方法

完成了？仔细**检查**，客观**评价**，及时**反馈**。

任务评价

一、成果展示

各小组派代表上台总结在完成任务的过程中学会了哪些技能，发现错误后是如何改正的，并展示成果。

二、学生自我评估与总结

_____。

三、小组评估与总结

_____。

四、教师评估与总结

_____。

五、各小组对工作环境的 6S 现场管理

在小组和教师都完成工作任务总结以后，各小组必须对自己的工作环境进行 6S 现场管理，即整理、整顿、清扫、清洁、安全、素养；归还所借工具和实习工件。

六、评价表

无人机组装常用工具的使用评价表如表 2-2-3 所示。

表 2-2-3　无人机组装常用工具的使用评价表

<table>
<tr><td colspan="3">班级：_____
小组：_____
姓名：_____</td><td colspan="6">指导教师：_____
日期：_____</td></tr>
<tr><td rowspan="2">评价
项目</td><td rowspan="2">评价标准</td><td rowspan="2">评价依据</td><td colspan="3">评价方式</td><td rowspan="2">权重</td><td rowspan="2">得分
小计</td></tr>
<tr><td>学生
自评
20%</td><td>小组
互评
30%</td><td>教师
评价
50%</td></tr>
<tr><td>职业
素养</td><td>1. 遵守企业规章制度、劳动纪律
2. 按时按质完成工作任务
3. 积极主动承担工作任务，勤学好问
4. 人身安全与设备安全
5. 工作环境 6S 现场管理完成情况</td><td>1. 出勤
2. 工作态度
3. 劳动纪律
4. 团队协作精神</td><td></td><td></td><td></td><td>0.3</td><td></td></tr>
<tr><td>专业
能力</td><td>1. 能掌握常用无人机组装工具的使用方法及注意事项
2. 能掌握桨平衡器的使用方法
3. 能掌握无人机组装工具的选择方法
4. 会分辨和使用常用无人机组装工具
5. 会使用桨平衡器修复无人机螺旋桨</td><td>1. 操作的准确性和规范性
2. 任务或项目技术总结完成情况
3. 专业技能任务完成情况</td><td></td><td></td><td></td><td>0.5</td><td></td></tr>
<tr><td>创新
能力</td><td>1. 在任务完成过程中能提出有一定见解的方案
2. 在教学或生产管理上提出具有创新性的建议</td><td>1. 方案的可行性及意义
2. 建议的可行性</td><td></td><td></td><td></td><td>0.2</td><td></td></tr>
<tr><td>合计</td><td></td><td></td><td></td><td></td><td></td><td></td><td></td></tr>
</table>

项目三

多旋翼无人机的组装与调试

 项目目标

知识目标：

1. 能掌握多旋翼无人机的基本结构。
2. 能掌握多旋翼无人机机架的组装方法及步骤。
3. 能掌握多旋翼无人机动力系统的组装方法及步骤。
4. 能掌握多旋翼无人机飞控系统的组装方法及步骤。
5. 能掌握多旋翼无人机硬件调试与首飞测试的内容、方法和步骤。

能力目标：

1. 会根据实物及照片分辨出常见多旋翼无人机的硬件名称。
2. 会进行多旋翼无人机机架的组装。
3. 会进行多旋翼无人机动力系统的组装。
4. 会进行多旋翼无人机飞控系统的组装
5. 会进行多旋翼无人机遥控装置的组装。
6. 会进行多旋翼无人机软件内部参数的调整。
7. 会进行多旋翼无人机硬件调试与首飞测试。

 项目描述

多旋翼无人机主要由机架、动力系统、飞控系统、遥控装置组成，组装一架多旋翼无人机就像组装一台计算机，不仅需要了解其各个硬件的功能及特点，还要掌握其组装与调试方法。本项目主要包括：认识多旋翼无人机、多旋翼无人机机架的组装、多旋翼无人机动力系统的组装、多旋翼无人机飞控系统的组装、多旋翼无人机遥控装置的组装、多旋翼无人机软件内部参数的调整、多旋翼无人机硬件调试与首飞测试 7 个任务。要求通过 7 个任务的学习，进一步掌握多旋翼无人机的基本结构，同时掌握多旋翼无人机的机架、动力系统、飞控系统、遥控装置的组装方法，以及多旋翼无人机软件内部参数的调整方法，并学会多旋翼无人机硬件调试与首飞测试等相关操作技能。

任务 1　认识多旋翼无人机

 **学习目标**

知识目标:

1. 能掌握多旋翼无人机的基本结构。
2. 能掌握多旋翼无人机动力系统的定义。
3. 能掌握多旋翼无人机电动系统的组成及各组成部分的作用。
4. 能了解多旋翼无人机飞控系统的分类及特点。
5. 能了解多旋翼无人机遥控装置的组成及作用。

能力目标:

能分辨多旋翼无人机硬件的名称。

 工作任务

多旋翼无人机主要由机架、动力系统、飞控系统、遥控装置组成。多旋翼无人机的组装一般是指把无人机的基本硬件及辅助设备按照一定的技术要求,组装成具备设计功能的无人机。本任务的主要内容是:通过学习,掌握多旋翼无人机的组成及各组成部分的功能、特点,并能通过实物和图片分辨出常见的多旋翼无人机硬件的名称。

 相关知识

一、多旋翼无人机的组成

多旋翼无人机一般由机架、动力系统、飞控系统、遥控装置和任务载荷等模块组成,如图 3-1-1 所示,其组成结构框图如图 3-1-2 所示。

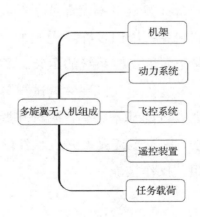

图 3-1-1　一台完整的多旋翼无人机　　　图 3-1-2　多旋翼无人机组成结构框图

1. 机架

1）机架的作用

机架是指多旋翼无人机的机身，是多旋翼无人机其他结构的安装基础，起承载作用。

2）机架的分类

根据旋翼轴数的不同，机架可分为 3 轴、4 轴、6 轴、8 轴，甚至 18 轴。根据发动机个数的不同，机架可分为 3 旋翼、4 旋翼、6 旋翼、8 旋翼，甚至 18 旋翼。轴数和旋翼数在一般情况下是相等的，但也有特殊情况，如 3 轴 6 旋翼无人机是在 3 个轴上下各安装一个电动机构成 6 个旋翼。

2. 动力系统

动力系统是指为无人机飞行提供动力的系统。目前多旋翼无人机采用的动力系统一般分为电动系统和油动系统。在民用和商用领域，多旋翼无人机常用的是电动系统。

1）电池

电池为无人机提供能量，有镍镉、镍氢、锂离子和锂聚合物电池等。

2）电动机

电动机是直接将电能转化为机械能的部件。与有刷电动机相比，无刷电动机具有效率高、寿命长等优势。多旋翼无人机往往采用外转子无刷电动机，基本不需要定时保养。

3）电调

电调将飞控的控制信号进行功率放大，并向各开关管发送能使其饱和导通和可靠截止的驱动信号，以控制电动机的转速。

4）螺旋桨

螺旋桨是安装在无刷电动机上的桨叶，电动机旋转带动螺旋桨旋转，从而产生拉力或推力。多旋翼无人机采用定矩螺旋桨，其桨矩固定不变。螺旋桨从桨毂到翼尖安装角逐渐减小，因为半径越大的地方线速度越大，所以半径越大的桨叶段受到的反作用力就越大，桨叶越容易因各处受力不均匀而折断。

3. 飞控系统

飞控系统即无人机飞行控制系统，是控制无人机飞行姿态和运动的设备，由传感器、机载计算机和执行机构三大部分组成。

飞控系统一般集成了高精度的感应器元件，包括陀螺仪、加速计、角速度计、气压计、GPS、指南针、控制电路等，能够稳定无人机的飞行姿态，并控制无人机自主或半自主飞行。多旋翼无人机本质上是一个不稳定的系统，所以飞控系统无时无刻不在监视并控制着它的飞行状态。飞控系统将遥控器和控制站的飞行指令转化成对应的 PWM 信号发送给电动机，使无人

无人机组装与调试

机尽可能地满足设定的飞行要求。

多旋翼无人机常用的飞控系统主要有以下几种。

1）F3飞控

F3飞控全名为Spracing F3飞行控制器，是为驾驶员提供高性能的飞行体验而设计的，具有经过验证的传感器算法，以及有无与伦比的I/O能力，其使用CPU把设计集于一个轻巧的PCB。

2）A2飞控

A2飞控是一款面向商用及工业用的多旋翼无人机的飞控，它以主控器为核心，通过主控器接入IMU、GPS-COMPASS PRO PLUS、LED-BT-l、PMU和电调等设备，利用IMU惯性导航，结合GPS可进行高精度定位，实现无人机控制功能。

3）NAZA飞控

NAZA飞控是一款专为多旋翼无人机爱好者打造的新一代轻量级多旋翼无人机飞控，其创新的一体化设计理念，将控制器、陀螺仪、加速计和气压计等传感器集成于一个更轻、更小巧的控制模块，同时可提供D-BUS支持，且支持固件在线升级，功能、硬件均可扩展。

4）A3飞控

A3飞控代表着大疆飞控技术在当下的最高水平。全新A3飞控具有安全可靠和精准控制的特性，有丰富的功能和外设，能全面满足行业应用的严苛需求。

4．遥控装置

遥控装置一般是指地面上可以对无人机发出指令及接收无人机传回信息的设备，它的硬件可以是一个遥控器，也可以是一部手机或者一台笔记本电脑。

在多旋翼无人机的应用中，遥控器是最常见的一种遥控装置。

1）遥控器

遥控器的作用是将驾驶员的遥控指令发送到接收机上，接收机接收指令并解码后传给飞控系统，进而根据遥控指令控制无人机做出各种飞行动作。无线电遥控器（RF Remote Control）是利用无线电信号对远方的各种机构进行控制的遥控设备，其发出的信号被远方的接收设备接收后，可以驱动相应的机械或者电子设备完成各种操作，如控制无人机完成飞行任务。

2）接收机

接收机用来接收遥控装置发出的无线电信号。由于接收机被安装在机架上，因此被做得很小巧。普通接收机比一个火柴盒还小，仅有十几克，而超小型接收机是只有一枚硬币大小，仅有几克。接收机一般要与遥控装置配套使用。

5．任务载荷

常用的任务载荷有图传及云台。

1）图传

图传是指无线图像传输，用于提供机载设备的无线图像系统的数据链路通道，记载图像采集数据，并实时无损/有损地将图像传输到地面接收设备上，供实时观察、存储及进行图像分析等。

2）云台

云台是指安装、固定摄像机的支撑设备，主要作用是防止拍摄画面抖动，通过控制云台转动角度，可改变拍摄角度。

 **任务准备**

一、外围设备、工具的准备

为完成工作任务，每个工作小组需要向仓库工作人员提供借用工具清单（见表3-1-1）。

表3-1-1　认识多旋翼无人机借用工具清单

序号	名称	数量	借出时间	学生签名	归还时间	学生签名	管理员签名
1							
2							
3							
4							
5							
6							
7							

二、团队分配方案

还等什么？赶快制订出工作**计划**并**实施**它。

任务实施

一、为了更好地完成任务，你可能需要回答以下资讯

1. 多旋翼无人机一般由_____、_____、_____、_____和_____等模块组成。

2. 动力系统是指为无人机飞行提供_____的系统。目前多旋翼无人机采用的动力系统一般分为_____系统和_____系统。

3. 多旋翼无人机常用的是_____系统。

4. 电调将飞控的_____信号进行功率放大，并向各开关管发送能使其饱和_____和

可靠_____的驱动信号，以控制电动机的转速。

5．无人机飞行控制系统是控制无人机飞行_____和_____的设备，由_____、机载_____和_____三大部分组成。

6．遥控装置一般是指地面上可以对无人机发出_____及接收无人机传回_____的设备，它的硬件可以是一个_____，也可以是一部_____或一台笔记本电脑。

7．遥控器的作用是发送驾驶员的_____到接收机上，接收机接收_____并解码后传给_____，进而控制无人机根据_____做出各种飞行动作。

8．接收机用来接收遥控装置发出的_____信号。

9．图传是指无线_____传输，用于提供机载设备的无线图像系统的_____通道，记载图像采集数据，并实时无损/有损地将图像传输到地面_____设备上，供实时观察、_____及进行图像分析等。

10．云台是指安装、固定_____的支撑设备，主要作用是防止拍摄画面抖动通过控制云台_____角度，可改变_____角度。

11．不属于无人机系统的是（　　　）。

　　A．无人机平台　　　B．飞行员　　　　C．导航飞控系统

二、工作任务实施

1．认识多旋翼无人机结构

图 3-1-3 所示为 F450 多旋翼无人机的结构图，查阅资料，完成填空。

图 3-1-3　F450 多旋翼无人机的结构图

1：_____；2：_____；3：_____；4：_____；5：_____；6：_____；
7：_____；8：_____；9：_____；10：_____；11：_____；12：_____；

2．认识多旋翼无人机的飞控系统

查阅资料，了解 F450 多旋翼无人机（见图 3-1-4）通常采用哪种飞控系统，所采用的飞控系统有什么优势。

图 3-1-4　F450 多旋翼无人机

完成了？仔细**检查**，客观**评价**，及时**反馈**。

一、成果展示

各小组派代表上台总结在完成任务的过程中学会了哪些技能，发现错误后是如何改正的，并展示成果。

二、学生自我评估与总结

_____。

三、小组评估与总结

_____。

四、教师评估与总结

_____。

五、各小组对工作环境的 6S 现场管理

在小组和教师都完成工作任务总结以后，各小组必须对自己的工作环境进行 6S 现场管理，即整理、整顿、清扫、清洁、安全、素养；归还所借的工具和实习工件。

六、评价表

认识多旋翼无人机评价表如表 3-1-2 所示。

無人機組裝與調試

表 3-1-2　認識多旋翼無人機評價表

班級：_____ 小組：_____ 姓名：_____		指導教師：_____ 日期：_____					
評價項目	評價標準	評價依據	評價方式			權重	得分小計
			學生自評 20%	小組互評 30%	教師評價 50%		
職業素養	1. 遵守企業規章制度、勞動紀律 2. 按時按質完成工作任務 3. 積極主動承擔工作任務，勤學好問 4. 人身安全與設備安全 5. 工作環境 6S 現場管理完成情況	1. 出勤 2. 工作態度 3. 勞動紀律 4. 團隊協作精神				0.3	
專業能力	1. 能敘述多旋翼無人機的基本組成及各組成部分的作用 2. 能掌握多旋翼無人機電動系統的組成及各組成部分的作用 3. 能分辨多旋翼無人機硬件的名稱	1. 操作的準確性和規範性 2. 任務或項目技術總結完成情況 3. 專業技能任務完成情況				0.5	
創新能力	1. 在任務完成過程中能提出有一定見解的方案 2. 在教學或生產管理上提出具有創新性的建議	1. 方案的可行性及意義 2. 建議的可行性				0.2	
合計							

任務 2　多旋翼無人機機架的組裝

 學習目標

知識目標：

1. 能掌握多旋翼無人機的分類。

2. 能了解常見多旋翼無人機的機架的種類、軸距及佈局。

3. 能掌握多旋翼無人機機架的組裝方法及步驟。

能力目標：

能根據要求完成多旋翼無人機機架的組裝。

 **工作任務**

多旋翼無人機的組裝一般是指把無人機的基本硬件及輔助設備按照一定的技術要求，組裝

68

成具备设计功能的无人机。本任务的主要内容就是：通过学习，了解常见多旋翼无人机的机架的种类、轴距及布局，掌握多旋翼无人机的组装方法及步骤，并能根据要求完成多旋翼无人机机架的组装。

 相关知识

一、机架简介

机架通常由机臂、中心板和脚架等部分组成。

1．旋翼轴数

按旋翼轴数分类，多旋翼无人机机架一般分为 4 旋翼无人机机架、6 旋翼无人机机架和 8 旋翼无人机机架。按旋翼轴数分类的多旋翼无人机如表 3-2-1 所示。

表 3-2-1　按旋翼轴数分类的多旋翼无人机

序号	名称	图示
1	4 旋翼无人机	
2	6 旋翼无人机	
3	8 旋翼无人机	

2．机架轴距

机架轴距是指机架对角线上两个电动机或桨叶中心的距离，机架按轴距一般分为 QAV180 无人机机架、QAV250 无人机机架和 F450 无人机机架等，如表 3-2-2 所示。

表 3-2-2　常见多旋翼无人机的机架

无人机名称	机架实物图	机架示意图
QAV180 无人机		180mm
QAV250 无人机		250mm
F450 无人机		450mm

3．机架布局

多旋翼无人机常见的机架布局有"X"形、"I"形、"V"形、"Y"形和"IY"形等，如表 3-2-3 所示。

表 3-2-3　多旋翼无人机的机架布局

图示			
名称	"X"形 4 旋翼	"V"形 6 旋翼	"V"形 8 旋翼
图示			
名称	"I"形 4 旋翼	"I"形 6 旋翼	"I"形 8 旋翼

续表

图示			
名称	"IY"形共轴双桨3轴6旋翼	"Y"形共轴双桨3轴6旋翼	"V"形共轴双桨4轴8旋翼

4．机架材质

多旋翼无人机机架材质一般有塑料、玻璃纤维、碳纤维和铝合金/钢四种，其特点如表 3-2-4 所示。

表 3-2-4　多旋翼无人机机架材质特点

序号	材质名称	特点
1	塑料	比较适合初学者，价格便宜
2	玻璃纤维	相比塑料机架，玻璃纤维机架强度高、质量轻、价格贵，中心板多用玻璃纤维制作，机臂多为管型
3	碳纤维	相比玻璃纤维机架，碳纤维机架强度更高、价格更贵
4	铝合金/钢	适合自己制作机架

二、机架的组装步骤

F450 多旋翼无人机机架的零部件如图 3-2-1 所示，主要零部件包含四个机臂、一个飞控托架、一个电池托架及若干螺钉。现以组装 F450 多旋翼无人机机架为例，介绍多旋翼无人机机架组装的操作方法及步骤。

图 3-2-1　F450 多旋翼无人机机架的零部件

1．组装前的准备及注意事项

① 检查机架零部件是否缺少。

② 检查零部件是否有破损、变形。

③ 检查螺钉数量是否足够、螺钉长度是否合适。

④ 使用符合螺钉规格的螺钉旋具，防止螺钉滑丝。

⑤ 焊接时注意不能有虚焊，防止在飞行过程中因抖动而导致接口松动。

⑥ 安装螺钉时按照对角线原则拧螺钉，待所有螺钉上完再拧紧。

⑦ 同颜色机臂装在同一侧，以便飞行时辨认机头方向。

2．组装操作方法及步骤

1）第一个机臂的安装

步骤1：准备好安装第一个机臂的配件，包括一个飞控托架、一个机臂和四个固定用螺钉，如图3-2-2所示。

步骤2：将飞控托架的四个孔对准机臂的四个孔。注意，托架在机臂之上，如图3-2-3所示。

图3-2-2　安装第一个机臂的配件

图3-2-3　第一个机臂与飞控托架的对应位置

步骤3：逐个拧紧螺丝，如图3-2-4所示。

第一个机臂安装完成效果如图3-2-5所示。

2）第二个机臂的安装

安装第二个机臂的配件如图3-2-6所示。值得注意的是，第二机臂与第一机臂的颜色是不同的，并且在安装第二个机臂的过程中不能把第一个已安装的机臂悬空，否则可能会使飞控托架断裂。

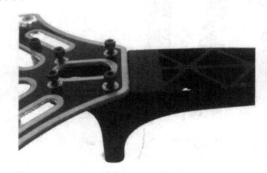

图3-2-4　第一个悬机与托架的螺丝的安装

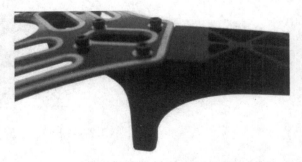

图3-2-5　第一个悬机安装完成效果

图 3-2-6 安装第二个机臂的配件

第二个机臂的安装步骤与第一个机臂的安装步骤相似，先将孔对齐后再拧紧螺丝，其对应位置如图 3-2-7 所示。安装时要注意不能太过用力，以免损坏已经安装好的机架部分。第二个机臂安装完成效果如图 3-2-8 所示。

图 3-2-7 第二个机臂与飞控托架对应位置　　　图 3-2-8 第二个机臂安装完成效果

3）第三个机臂的安装

安装第三个机臂的配件如图 3-2-9 所示。由于第三个机臂是按对角线安装的，为避免折断托架，在拿起机架时，必须同时抓握两个机臂。

第三个机臂与飞控托架对应位置如图 3-2-10 所示，先将孔对齐，再拧紧螺丝。第三个机臂安装完成效果如图 3-2-11 所示。

图 3-2-9 安装第三个机臂的配件

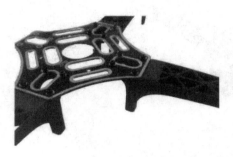

图 3-2-10　第三个机臂与飞控托架对应位置

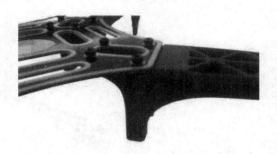

图 3-2-11　第三个机臂安装完成效果

4）第四个机臂的安装

安装最后一个机臂和安装前面三个机臂的操作相同，先将孔对齐，再拧紧螺丝。安装第四个机臂的配件如图 3-2-12 所示。

值得一提的是，此时三个机臂都已经组装好了，应将已安装好的部分放在平台上，尽量减少移动。将第四个没有安装的机臂用手托起来再安装螺丝。第四个机臂安装完成效果如图 3-2-13 所示。

图 3-2-12　安装第四个机臂的配件

图 3-2-13　第四个机臂安装完成效果

5）电池托架的安装

四个机臂安装完成后，就要进行电池托架的安装了。

安装电池托架需要的配件如图 3-2-14 所示。

步骤 1：将安装好的机架翻过来，让机臂上的"脚"朝上，如图 3-2-15 所示。

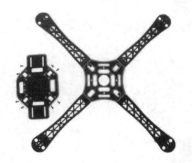

图 3-2-14　电池托架配件

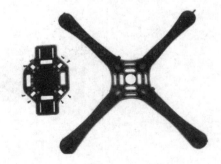

图 3-2-15　翻转后的机架及电池托架

在安装电池托架时需要注意，固定电池托架的螺丝共有八个，每个机臂需要用两个螺丝来与电池托架固定，如图 3-2-16 所示。

步骤 2：安装时需要先将电池托架平放在机架上，将电池托架上的孔与飞控托架上的孔对齐，如图 3-2-17 所示。

图 3-2-16　飞控托架的安装位置细节　　　图 3-2-17　将电池托架上的孔与飞控托架上的孔对齐

步骤 3：安装螺丝，如图 3-2-18 所示，将电池托架固定在一个机臂上。

步骤 4：重复步骤 3 的操作，将剩下三个机臂的螺丝安装并固定好后就完成电池托架的安装了。至此，整个 F450 多旋翼无人机的机架就组装完成了，如图 3-2-19 所示。

图 3-2-18　对齐后安装螺丝　　　　　图 3-2-19　组装完成的机架

任务准备

一、外围设备、工具的准备

为完成工作任务，每个工作小组需要向仓库工作人员提供借用工具清单（见表 3-2-5）。

表 3-2-5　多旋翼无人机机架的组装借用工具清单

序号	名称	数量	借出时间	学生签名	归还时间	学生签名	管理员签名
1							
2							
3							
4							
5							
6							
7							

二、团队分配方案

还等什么？赶快制订出工作**计划**并**实施**它。

任务实施

一、为了更好地完成任务，你可能需要回答以下资讯

1. 多旋翼无人机的机架通常由_____、_____和_____等部分组成。

2. 按旋翼轴数分类，多旋翼无人机一般分为_____旋翼无人机、_____旋翼无人机和_____旋翼无人机。

3. 机架轴距是指机架对角线上两个_____或者_____中心的距离，机架按轴距一般分为_____无人机机架、_____无人机机架和_____无人机机架等。

4. 多旋翼无人机常见的机架布局有_____形、_____形、_____形、_____形和_____形等。

5. 多旋翼无人机机架材质一般有_____、_____、_____和_____四种。

二、工作任务实施

1. 分辨多旋翼无人机的类型

对照表 3-2-6 中的图片，查阅资料，找出表中几款多旋翼无人机的旋翼轴数，并了解其机架布局。

表 3-2-6　多旋翼无人机的旋翼轴数和机架布局

分类方式	图　　示		
旋翼轴数			
机架布局			

2. 多旋翼无人机机架的组装

图 3-2-20 所示为 F450 多旋翼无人机机架的零部件，查阅资料，按照多旋翼无人机机架组装的操作方法及步骤完成其组装。

图 3-2-20 F450 多旋翼无人机机架的零部件

在进行多旋翼无人机机架组装的过程中还遇到了哪些问题，是如何处理的，记录在表 3-2-7 中。

表 3-2-7 多旋翼无人机机架组装情况记录表

所遇到的问题	解决方法

完成了？仔细检查，客观评价，及时反馈。

 任务评价

一、成果展示

各小组派代表上台总结在完成任务的过程中学会了哪些技能，发现错误后是如何改正的，并展示成果。

二、学生自我评估与总结

_____。

三、小组评估与总结

_____。

四、教师评估与总结

_____。

五、各小组对工作环境的 6S 现场管理

在小组和教师都完成工作任务总结以后，各小组必须对自己的工作环境进行 6S 现场管理，即整理、整顿、清扫、清洁、安全、素养；归还所借的工具和实习工件。

六、评价表

多旋翼无人机机架的组装评价表如表 3-2-8 所示。

表 3-2-8　多旋翼无人机机架的组装评价表

班级：＿＿＿＿＿＿　小组：＿＿＿＿＿＿　姓名：＿＿＿＿＿＿		指导教师：＿＿＿＿＿＿＿＿＿＿＿＿＿＿　日期：＿＿＿＿＿＿＿＿＿＿＿＿＿＿					
评价项目	评价标准	评价依据	评价方式			权重	得分小计
			学生自评 20%	小组互评 30%	教师评价 50%		
职业素养	1. 遵守企业规章制度、劳动纪律 2. 按时按质完成工作任务 3. 积极主动承担工作任务，勤学好问 4. 人身安全与设备安全 5. 工作环境 6S 现场管理完成情况	1. 出勤 2. 工作态度 3. 劳动纪律 4. 团队协作精神				0.3	
专业能力	1. 能掌握多旋翼无人机的分类 2. 能掌握多旋翼无人机机架的组装方法及步骤 3. 会分辨常见多旋翼无人机的机架的种类、轴距及布局 4. 会进行多旋翼无人机机架的组装	1. 操作的准确性和规范性 2. 任务或项目技术总结完成情况 3. 专业技能任务完成情况				0.5	
创新能力	1. 在任务完成过程中能提出有一定见解的方案 2. 在教学或生产管理上提出具有创新性的建议	1. 方案的可行性及意义 2. 建议的可行性				0.2	
合计							

任务 3　多旋翼无人机动力系统的组装

 学习目标

知识目标：

1. 能了解多旋翼无人机动力系统的分类及特点。

2. 能掌握多旋翼无人机电动系统的组成、性能参数及选用原则。

3. 能掌握多旋翼无人机电动系统的组装方法及步骤。

能力目标：

1. 会进行多旋翼无人机电动机的安装。

2. 会进行多旋翼无人机电池的安装。

3. 会进行多旋翼无人机电调的安装。

4. 会进行多旋翼无人机螺旋桨的安装。

多旋翼无人机采用的动力系统一般分为电动系统和油动系统。目前，国内民用、商用多旋翼无人机以电动多旋翼无人机为主。本任务的主要内容是：通过学习，掌握多旋翼无人机电动系统的组成、性能参数及选用原则，并能根据要求完成多旋翼无人机电动力系统的组装。

 相关知识

一、多旋翼无人机动力系统

多旋翼无人机采用的动力系统一般分为电动系统和油动系统，如图 3-3-1 所示。

（a）电动多旋翼无人机

（b）油动多旋翼无人机

图 3-3-1　电动无多旋翼人机和油动多旋翼无人机

采用电动系统和油动系统的多旋翼无人机各具特点，其应用场合和性能特性也有所不同，两者的比较如表 3-3-1 所示。

表 3-3-1　电动系统与油动系统比较

优缺点	电动系统	油动系统
优点	1. 系统稳定性强，可靠性高 2. 电动系统无人机日常维护简单，易掌握，对驾驶员的操作水平要求低 3. 电动系统无人机场地适应能力强，展开迅速，轻便灵活，高原性能优越，电动机输出功率不受含氧量影响 4. 电池可重复使用，成本低，环保低碳 5. 电动系统无人机震动小，成像质量好	1. 油动系统无人机具有较好的抗风能力 2. 油动系统无人机续航能力强
缺点	1. 电动系统无人机抗风能力弱（最高可抗5级风） 2. 电动系统无人机续航能力弱（基于现有电池的能量密度，电动无人机的续航能力较弱）	1. 油动系统无人机操作复杂，不易掌握，对驾驶员的操作水平要求高 2. 油动系统无人机稳定性差（现有民用无人机大多采用航模发动机，发动机稳定性差，工艺复杂） 3. 油动系统无人机场地适应能力差，高原性能不足 4. 油动系统无人机震动大（发动机震动较大，影响成像质量，容易对传感器造成损伤） 5. 油动系统无人机危险性大（油动系统较重，危害大）

目前，国内民用、商用多旋翼无人机，主要以电动多旋翼无人机为主，所以本任务主要针对电动系统进行介绍。

二、电动系统

电动系统是将化学能转化为电能再将电能转化为机械能，从而为无人机飞行提供动力的系统，一般由电池、电动机、电调和螺旋桨组成。

1. 电池

1）标称电压

电池电压的单位是伏特（V）。标称电压是厂家按照国家标准标示的电压，在实际使用中电池的电压是不断变化的。一般所说的一组或一个电池的电压都是标称电压，如锂聚合物电池，其标称电压为 3.7V，但在使用时实际电压往往高于或低于标称电压，其放电最低截止电压是 2.7V，充电最高截止电压是 4.2V。不同种类电池的截止电压如表 3-3-2 所示。

表 3-3-2　不同种类电池的截止电压

电池种类	放电最低截止电压/V	充电最高截止电压/V
锂离子电池	2.7	4.2
锂聚合物电池	2.7	4.2
锂锰电池	2.7	4.2
锂铁电池	2.7	3.6
镍氢电池	0.8	1.5

2）电池容量

电池容量的单位是用毫安·时（mA·h），其含义是电池在 1h 内可以放出或充入的电流量。例如，1000mA·h 表明该电池能保持 1000mA（1A）放电 1h。但是电池的放电并非线性的，所以不能说该电池放电 500mA 时能维持 2h。电池的小电流放电时间总是大于大电流放电时间，所以可以近似推算出电池在其他电流放电情况下的放电时间。一般情况下，电池的体积越大，它储存的电量就越多，无人机的质量也会随之增加，所以选择合适的电池对无人机的续航时间影响很大。此外，某些厂家生产的电池的标称电量往往高于它的实际电量。

3）充/放电倍率

（1）充电倍率。

充电倍率用于限制电池充电时的最大充电电流，以免充电电流过大损害电池使用寿命，单位为 C。充电倍率的倒数是电池放完电所用时间，单位为 h。例如，充电倍率为 1C 的电池 1h 放完电，充电倍率为 2C 的电池 1/2h 放完电。2000mA·h 的电池以 2000mA 放电，则 1h 完全放电；2000mA·h 电池以 1/3h 完全放电，其充电倍率为 3C。因此，电池的充电倍率是由电池容量决定的。

（2）放电倍率。

电池的放电能力也是以倍率来表示的，即按照电池的标准容量可达到的最大放电电流。例如，一个 1000mA·h、放电倍率为 10C 的电池，最大放电电流可达 1000×10＝10000（mA）＝10（A）。在实际使用中，电池的放电电流与负载电阻有关，根据欧姆定理可得电压等于电流乘以电阻，所以当电压和电阻是常数时，电池的放电电流是一定的。例如，使用 11.1V、1100mA·h、放电倍率为 10C 的电池，负载电阻是 1.5Ω，那么在电池电压为 12V 的情况下，电流为 12V/1.5Ω＝8A。放电电流不仅和放电倍率有关，还和电池容量相关，因此放电倍率小的电池有可能比放电倍率大的电池的放电电流还要大。不论何种电池，放电倍率越大，寿命越短。

若用低放电倍率的电池进行大电流充/放电，将加速电池损坏，甚至引起电池自燃。

4）串联/并联数

经常用 ×S 和 ×P 表示多少电芯串联和并联的情况。×S（serice，串联）代表电池组中串联电池的个数，如 3S 代表内有 3 个电芯串联；×P（parallel，并联）代表电池组中并联电池的个数。电芯名为 3S4P 的电池组共有 12 个电芯，在 12 个电芯中，3 个串联电芯决定了电池组电压（串联电芯的数量决定电压大小），4 个电芯并联决定了最大放电电流是单个电芯最大放电电流的 4 倍。通常，11.1V 的锂电池都由 3 个锂电芯串联而成（3S1P）。

5）循环寿命

电池的循环寿命一般是指电池充满并放完一次电量的次数，但充电周期和充电次数没有直接关系。例如，一块锂电池在第一天只用了 1/2 的电量，然后又为它充满电，在第二天还用了 1/2 电量后就充满电，其充电次数为两次，充电周期为一个周期。因此，可能要经过好几次充电才能完成一个周期。电池每完成一个充电周期，电池容量就会减少一点。不过，减少幅度非常小，高品质的电池经过多个充电周期后，仍会保留原始电池容量的 80%。

锂电池的寿命一般为 300～500 个充电周期。假设锂电池一次完全放电提供的电量为 Q，如不考虑每完成一个充电周期后减少的电池容量，则锂电池在其寿命内总共可以提供或为其补充的电量为 300Q～500Q。由此可知，如果每次用 1/2 电量就进行一次充电，则可以充 600～1000 次；如果每次用 1/3 电量就进行一次充电，则可以充 900～1500 次。依此类推，如果随机充电，则充电次数不定。不论怎么充，总共补充 300Q～500Q 的电量是确定的。所以，也可以这样理解：锂电池寿命和电池的总充电电量有关，和充电次数无关。事实上，浅放/浅充对于锂电池更有益处，只有在产品的电源模块对锂电池进行校准时，才有深放/深充的必要。所以，在使用锂电池供电的产品时一切以方便为先，随时充电，不必担心影响电池寿命。电池到了循环寿命后，老化严重，电池容量将下降很多。循环寿命也是衡量电池的重要指标。IEC 标准规定电池的循环寿命达到 500 次后，电池容量应保持初始容量的 60%；国标规定循环寿命达 300 次后，电池容量应保持为初始容量的 70%。

6）电池使用注意事项

（1）禁止反向充电。正确连接电池的正负极，严禁反向充电。若正负极接反，将无法对电池进行充电，甚至会导致电池发热、泄漏、自燃。

（2）新的锂电池组充电之前，应逐个检查电芯的电压。

（3）尽量减少快速充电的次数。

（4）必须等锂电池完全冷却后才能充电，否则会严重损坏电池。刚用过的锂电池，即使表面已完全冷却，内部依然有一定余温，因此应至少静置 40min 再充电。

（5）充电时尽量使用防爆袋。

（6）充电时切勿无人看守。

（7）应将电池放在阻燃材料上充电，以免着火时其他物体燃烧，减少损失。

（8）放电电流不得超过说明书规定的最大放电电流，否则会导致电池容量剧减，并使电池过热膨胀。

（9）充电电流不得超过说明书规定的最大充电电流，使用高于推荐电流充电可能引起电池充/放电性能、力学性能和安全性能等方面的问题，并可能导致电池发热或泄漏。

（10）充电电压不得超过规定的充电最高截止电压。充电电压高于充电最高截止电压属于过度充电，电池内部化学反应过于剧烈，将使电池鼓气膨胀，若继续充电将使电池发生自燃。严禁采用直充（非平衡化充电），否则可能造成电芯过度充电。

（11）电池必须在产品说明书规定的环境温度范围内进行充电，否则易受损坏。当发现电池表面温度异常（超过 50℃）时，应立即停止充电。

（12）电池必须在说明书规定的工作温度范围内放电。当电池表面温度超过 70℃时，要暂时停止使用，直到电池冷却到室温。

（13）锂电池电压低于 2.75V 就属于过度放电，此时锂电池会膨胀，内部的化学液体会结晶，这些晶体有可能刺穿内部结构层造成短路，甚至使锂电池电压变为零。

（14）如果不需要供电，一定要断开电调上的插头，以免电池发生漏电情况。

（15）要发挥锂电池的最大效能，就要经常使用它，让电池内的电子始终处于流动状态。锂电池深度放电的程度越小，其使用时间越长，因此应尽量避免完全充/放电。

7）存储

电池应放置在阴凉的环境下。当长期存放电池（超过 3 个月）时，建议将电池置于温度为 10～25℃且无腐蚀性气体的环境中。电池在长期储存过程中，应每 3 个月进行一次充放电，以保持电池活性，并保证每个电芯电压保持为 3.7～3.9V。

锂电池充满电时内部的化学反应很活跃。如果维持在满电状态电压虽不会降低，但实际放电时化学反应会变得迟缓，导致锂电池性能大不如前。因此，充满电的锂电池最好在 24h 内使用。充满电的电池，满电保存不能超过 3 天。如果充满电的电池超过一周不放电，那么电池有可能发生鼓包现象。有些电池可能暂时不会发生鼓包现象，但几次满电保存后，就会损坏。因此，应在无人机准备试飞之前再给电池充电，如果因各种原因充满电的电池没有使用，那么要在充满后 3 天内把电池放电到 3.8V。

8）电池选用原则

电池选用原则如下。

（1）电池输出电流一定要大于电动机的最大电流。

（2）无人机电动机工作电压由电调决定，而电调电压由电池输出决定，所以电池的电压应小于或等于电动机的最大电压。

（3）无人机电池电压不能超过电调最高承载电压。

（4）若电池的放电电流达不到电调的电流，电调就发挥不了最大性能，而且电池会发热，产生爆炸，所以一般要求电池的持续输出电流大于电调的最大持续输出电流。

（5）电池容量与无人机续航能力密切相关，电池容量越大，续航能力越强，所以应该选择大容量电池。

9）电池与机型的常用搭配

电池与机型的常用搭配如表 3-3-3 所示。

表 3-3-3　电池与机型的常用搭配

机　型	常用电池配置
QAV180	3S　1300mA·h　25C/45C
QAV250	3S　2200mA·h　25C/45C
F330	3S　2600mA·h　25C/45C
F450	3S　3300mA·h　25C/45C

10）BB 响

BB 响通常用于检测多旋翼无人机 1S-8S 锂电池，其实物图如图 3-3-2 所示。

从正面看 BB 响包含两个喇叭、一个显示器、一排引脚，以及一个电压调节按钮，如图 3-3-3 所示，

图 3-3-2　BB 响实物图

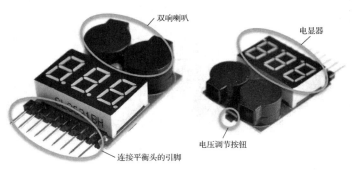

图 3-3-3　BB 响的正面外观

从 BB 响的背面可以看到一张英文说明书，以及每个引脚对应的数值，如图 3-3-4 所示。

图 3-3-4 BB 响的背面外观

BB 响实际上是一台低压报警器，当电压低于设定值时，蜂鸣器会响起，红色 LED 会闪烁；出厂默认的设定值为 3.3V，通过电压调节按钮可改变该设定值，如图 3-3-5 所示。其报警声非常响亮，因此，即使无人机在远处飞行，也能听到低压警报，从而让驾驶员了解多旋翼无人机的电池的工作状态，使多旋翼无人机的电池不会因为低压受到损害。

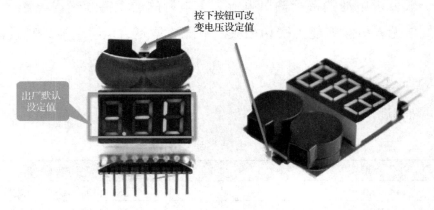

按下按钮可改变电压设定值

出厂默认设定值

图 3-3-5 改变出厂默认设定值

BB 响还是一台电量显示器，可自动检测锂电池每组电芯的电压和总电压，支持反向连接保护，是一个非常有用的小配件。BB 响的产品参数如表 3-3-4 所示。

表 3-3-4 BB 响的产品参数

参数名称	参数值
电压检测精度	±0.01V
组电压显示范围	0.5～4.5V
总电压显示范围	0.5～36V
1S 测试模式电压范围	3.7～30V
低电压蜂鸣器报警模式	2S～8S
报警电压设定范围	OFF～2.7～3.8V
尺寸	40mm×25mm×11mm
质量	9g

BB 响的使用方法如下。

首先要判断 BB 响的第一个引脚的位置。如图 3-3-6 所示，从 BB 响正面看去，最左边的就是第一个引脚，最左边的引脚为负极，最右边的引脚为正极。将 BB 响与电池连接时，使第一个引脚对应第一个接口，完成接线。

如果分不清第一个引脚，就将 BB 响翻转过来，在 BB 响反面贴的说明书上备注有正负极及引脚的顺序。连接时，一定要注意，BB 响的第一个引脚对应的一定是电池接线的负极，如图 3-3-7 所示。

BB 响与电源相接后就能听到两声嘀嘀声，声音很大，之后显示器就会循环出现总电压 ××V，第一组电芯电压 ××V，直到每一组电芯电压显示完毕，再重复显示，如图 3-3-8 所示。

BB 响显示的电池电压是有误差的，一般以万用表测得的电压为准。BB 响发出的警报声受风力的影响，在过高和过远的地方就可能听不到了。

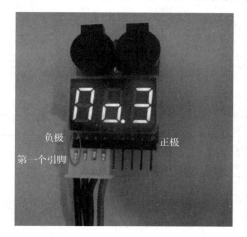

图 3-3-6　接入 BB 响（正面）

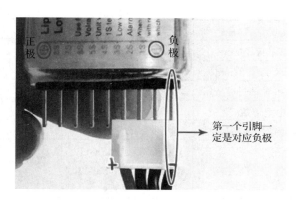

图 3-3-7　接入 BB 响（反面）

图 3-3-8　锂电池电压的测试

2．电动机

1）无刷电动机工作原理

无刷电动机在电磁结构上与有刷直流电动机基本一样，但其电枢绕组安装在定子上，转子上安装有永磁铁。电动机的电枢绕组一般选用多相型的，经由驱动器接到直流电源上。定子采用电子换向器代替有刷电动机的电刷和机械换向器，依靠改变输入无刷电动机定子线圈上的电流频率和波形，在绕组线圈周围形成一个绕电动机几何轴心旋转的磁场，这个磁场驱动转子上的永磁铁转动，转动中的转子和转子磁极主磁场相互作用产生扭矩使电动机旋转。

2）无刷电动机参数

以朗宇无刷电动机 X2212 为例对无刷电动机参数进行介绍。朗宇天刷电动机 X2212 参数如表 3-3-5 所示。

表 3-3-5　朗宇无刷电动机 X2212 参数

电动机型号	980	1250	1400	2450
定子外径/mm	22	22	22	22
定子厚度/mm	12	12	12	12
定子槽数/个	12	12	12	12
定（转）子级数	14	14	14	10
空载电流/A	0.3	0.6	0.9	1.6
电动机电阻/MΩ	133	79	65	32
最大连续电流/（A/s）	15/30	25/10	28/15	40/30
最大连续功率/W	300	390	365	450
质量（含长线）/g	58.5	58	59	57
转子直径/mm	27.5	27.5	27.5	27.5
出轴直径/mm	3.175	3.175	3.175	3.175
电动机长度/mm	30	30	30	30
电动机含轴长度/mm	32	32	32	32
电池节数/节	2～4	2～4	2～4	2～3
建议使用电调规格/A	20	30	30	40
推荐螺旋桨规格	APC8038，APC9047，APC1047，GWS8043，APC8038	APC8060，APC9047，APC9045，APC9060	APC9047，APC9045，APC8060，APC8038，APC7062	AOC6040
适用多旋翼无人机的质量/g	300（3S 1038/1047，4S 8038/8043/8045/9047）	—	—	尾推特技机 550（3S6040）

（1）电动机尺寸。

无刷电动机尺寸对应 4 位数字，其中前 2 位是电动机转子的直径（单位为 mm），后 2 位是电动机转子的高度。简单来说，前 2 位数字越大，电动机越粗；后 2 位数字越大，电动机越高。

（2）额定电压。

额定电压即无刷电动机适合的工作电压。事实上无刷电动机适合的工作电压范围非常广，额定电压是指确定负载条件得出的电压。例如，2212～850KV 电动机指定了 1045 螺旋桨为负载，其额定电压是 11V，如果减小负载，如将负载改为 7040 螺旋桨，则可工作在 22V 电压下。但是这个电压不是无限上升的，主要受制于电调支持的最高频率。因此，额定工作电压是由工作环境决定的。

（3）KV 值。

电动机 KV 值用来表示电动机的空载转速，指电压每增加 1V，电动机增加的每分钟转速，即电动机空载转速 = 电动机 KV 值 × 电池电压。例如，电动机 KV 值为 920，电池电压为 11.1V，那么电动机的空载转速为 920 × 11.1 = 10212（r/min）。

KV 值是电动机的一个重要参数，可以简单理解为电动机扭矩与速度的平衡关系。电动机的 KV 值越高，扭矩越小；KV 值越低，效率越高，扭矩越大。

选择电动机应遵循的准则：高 KV 值电动机适合在低电压、高转速环境下工作，搭配小直径螺旋桨；低 KV 值电动机适合在高电压、低转速环境下工作，搭配大直径螺旋桨。

（4）最大允许电流和最大功率。

每个电动机工作时的最大电流（电动机能够承受并安全工作的电流）为最大允许电流，单位为安培（A）。因为无刷电动机都是三线电动机，所以一般将电调输入电流，即电池输出线上的电流作为其最大允许电流。电动机在超额运转时很容易被烧毁。

电动机能够承受并安全工作的最大功率为最大功率。要先确定负载的总质量，再计算所需电动机功率。例如，按照 1W 功率带动 4g 负载计算，无人机质量（含电池）为 800g 时，实际所需的功率是 800/4 = 200（W）。

3）电动机选用原则

选择多旋翼无人机的电动机时，必须选择合适功率的电动机，以及与它搭配的螺旋桨，让电动机工作在相对轻松的状态。一般来说，在无人机悬停时电动机工作功率宜为最大功率的 30%～45%。不能小马拉大车，也不能大马拉小车。

电动机与机架常用配置如表 3-3-6 所示。

表 3-3-6　电动机与机架常用配置

机架尺寸/mm	常用电动机 KV 值
350～450	1000 左右
250	2000 左右
180	3000 左右

3．电调

电调全称为电子调速器，是控制电动机转速的调速器，必须与电动机相匹配。

1）电调的作用

电调的作用如下。

（1）最基本的功能就是通过飞控给定的 PWM 信号进行电动机调速。

（2）为接收机上其他通道的舵机供电。

（3）为飞控供电。

（4）充当换相器的角色。无刷电动机由于没有电刷进行换相，所以需要靠电调进行电子换相。

（5）其他辅助功能，如电池保护、启动保护和刹车等。

2）电调的指标参数

多旋翼无人机电调参数主要有电流、内阻、刷新频率、可编程特性、兼容性。

（1）电流。

电调最主要的参数是电流，单位为安培（A），如 10A、20A、30A。不同电动机需要配备

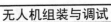

不同电流的电调。电调有持续工作电流和瞬时电流两个重要参数，前者表示正常工作时的电流，后者表示电调承受的最大电流。

选择电调型号时一定要注意电调最大电流的大小是否满足要求，是否留有足够的安全裕度容量，以避免电调中的功率管被烧坏。

（2）内阻。

电调具有一定内阻，需要注意其发热功率。发热功率是电流平方的函数，所以电调的散热性能也十分重要，大规格电调的内阻一般都比较小。

（3）刷新频率。

电动机的响应速度与电调的刷新频率有很大关系。在多旋翼无人机开始发展之前，电调多为航模无人机而设计，航模无人机上的舵机由于结构复杂，工作频率最大为 50Hz，因此电调的刷新频率也为 50Hz。多旋翼无人机不使用舵机，是由电调直接驱动的，其响应速度远超舵机。目前，高速电调可支持 500Hz 的刷新频率。

（4）可编程特性。

通过设置内部参数，电调性能可以达到最佳。通常有 3 种方式可对电调参数进行设置：①通过编程卡直接设置电调参数；②通过 USB 连接，用计算机软件设置电调参数；③通过接收机，用遥控器操纵杆设置电调参数。设置的参数包括电池低压断电电压设定、电流限定设定、刹车模式设定、油门控制模式设定、切换时序设定、断电模式设定、启动模式设定及 PWM 模式设定等。

（5）兼容性。

如果电动机和电调兼容性不好，那么就会发生堵转现象，即电动机不能转动。

3）电调驱动的分类

电调驱动包括方波驱动和正弦波驱动。

（1）方波驱动。方波是数字信号，控制元件工作在开关状态，具有电路简单、容易控制、发热少等优点。

（2）正弦波驱动。正弦波属于模拟信号，模拟信号控制相对复杂，而且控制元件工作在放大状态，发热严重。但正弦波驱动在运行平衡性、调速范围和减少噪声、震动等方面要比方波驱动好得多。

4）电调的选择

常用的电调品牌有好盈、花牌和银燕等。某企业生产的电调型号及其参数如表 3-3-7 所示。

表 3-3-7　某企业生产的电调型号及其参数

型号	持续工作电流/A	瞬时电流/A	适用锂电池节数/节	长 × 宽 × 高/ （mm × mm × mm）	质量/g	线性
ESC-3A	3	4	1	11 × 13 × 4	0.7	—
ESC-7A	7	9	1～2	22 × 12 × 5	5	1A/5V

续表

型号	持续工作电流/A	瞬时电流/A	适用锂电池节数/节	长×宽×高/(mm × mm × mm)	质量/g	线性
ESC-12A	12	15	1～3	22 × 17 × 7	8	1A/5V
ESC-20A	20	25	2～3	55 × 28 × 7	28	2A/5V
ESC-25A	25	30	2～4	50 × 28 × 12	31	2A/5V
ESC-30A-I	30	40	2～4	50 × 28 × 12	34	2A/5V
ESC-30A-II	30	40	2～4	59 × 28 × 12	36	3A/5V
ESC-35A	35	45	2～4	59 × 28 × 12	38	3A/5V
ESC-35A-UBEC	35	45	2～4	59 × 28 × 12	38	开关模式
ESC-40A	40	50	2～5	58 × 58 × 11	35	3A/5V
ESC-40A-UBEC	40	50	2～5	58 × 28 × X11	35	开关模式
ESC-45A	45	55	2～5	58 × 28 × 11	35	3A/5V
ESC-45A-UBEC	45	55	2～5	58 × 28 × 11	35	开关模式
ESC-50A	50	65	2～5	58 × 28 × 15	44	3A/5V
ESC-50-UBEC	50	65	2～5	58 × 28 × 15	44	开关模式
ESC-60A	60	80	2～6	63 × 28 × 18	51	3A/5V
ESC-60A-UBEC	60	80	2～6	63 × 28 × 18	51	开关模式
ESC-80A	80	100	2～6	63 × 28 × 18	60	3A/5V
ESC-80A-UBEC	80	100	2～6	63 × 28 × 18	60	开关模式
ESC-100A	100	120	3～6	96 × 55 × 22	130	—
ESC-120A	120	150	3～6	96 × 55 × 21	150	—
ESC-150A	150	180	3～6	96 × 55 × 21	180	—
ESC-80A-HV	80	100	3～10	96 × 55 × 21	150	—
ESC-100A-HV	100	120	3～10	96 × 55 × 21	160	—
ESC-120A-HV	120	150	3～10	96 × 55 × 21	180	—

5）电调选用原则

电调选用原则如下。

（1）在选择电调之前，应比较各品牌电调的性能参数和性价比，选择最合适的电调。

（2）电调和电动机要合理匹配。

（3）电调的输出电流必须大于电动机的最大电流。

4．螺旋桨

1）螺旋桨的分类

根据材质的不同，桨叶可以分成注塑桨、碳纤桨和木桨。

（1）注塑桨。

注塑桨是指使用塑料等复合材料制成的桨叶，如图3-3-9所示。例如，美国APC系列螺旋桨，其由美国知名大厂Landing Products设计生产，该厂除设计模型用螺旋桨外，也设计载人无人机使用的螺旋桨，如美国海军UAV垂直起降无人机所使用的螺旋桨。Landing Products生产的螺旋桨具有强度高、不易变形的特点，高效率的流体力学设计使其成为无人机爱好者的首选。

（2）碳纤桨。

碳纤桨是指使用碳纤维制成的桨叶，如图 3-3-10 所示。碳纤维是一种与人造丝、合成纤维类似的纤维状碳材料。碳纤维材料由于具有优异的硬度，可制成合适的桨形，因此碳纤桨非常适合用于技巧性飞行，其效率优于木桨，但价格比木桨高。

（3）木桨。

木桨是指使用木材制成的桨叶，硬度高、质量轻，材料多为桦木，经过风干、打蜡、上漆以后不怕受潮，如图 3-3-11 所示。在航空早期史，木桨在早期扮演了非常重要的角色。在第一次世界大战时期很多无人机使用的是木桨，后来才逐渐被铁桨取代。

图 3-3-9　注塑桨

图 3-3-10　碳纤桨

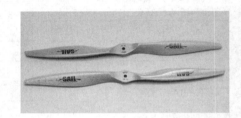
图 3-3-11　木桨

螺旋桨按照功能的不同分为电动桨和油动桨；按照桨叶的数量可分为二叶桨、三叶桨和多叶桨。二叶桨和三叶桨各有侧重，应用不同。同样直径下，三叶桨由于桨面积大，其产生的拉力比二叶桨产生的拉力大，穿越机多使用三叶桨，可以提高其机动性，提高 FPV 体验。常见的螺旋桨有大二叶桨、小三叶桨。

2）螺旋桨的参数

螺旋桨的型号由 4 位数字表示，如 8045、1038 等，分别代表桨叶的两个重要参数——桨直径和桨螺距。桨直径由前两位数字表示，是指桨转动形成的圆的直径，二叶桨的桨直径恰好是两片桨叶长度之和，如上面的 80 和 10，单位为 1/10in（1in = 25.4mm）。桨螺距由后两位数字表示，表示桨旋转一周前进的距离，如上面的 45 和 38。桨直径和桨螺距越大，桨能提供的拉（推）力越大。

例如，8045 的桨叶，表示桨直径为 8in，桨螺距为 4.5in。

螺旋桨的选型是与电动机配套进行的。不同的桨叶和电动机（KV 值不一样）搭配能够形成不同的动力组合，适合于不同的无人机和应用场景，螺旋桨产生的拉力与桨直径的三次方、转速的二次方及桨螺距成正比。因此，各项参数对螺旋桨拉力的影响力为：桨直径>转速>桨螺距，其余参数更小。

大螺旋桨需要用低 KV 值电动机，小螺旋桨需要用高 KV 值电动机，即高速电动机配小桨，低速电动机配大桨。螺旋桨与电动机不同组合下的性能参数如表 3-3-8 所示。

表 3-3-8　螺旋桨与电动机不同组合下的性能参数

电动机	桨型号	电压/V	电流/A	推力/N	转速/(r/min)	功率/W	效率/(g/W)
X2212KV980	1047	11.1	13.2	870	7100	146.5	5.93
	1145	11.1	17.2	960	5853	190.9	5.02
	9047	12	11	740	8400	132	5.6
X2212KV1250	9047	12	19	980	10050	228	4.29
	9047	11	16.8	800	9370	184.8	4.33
	9047	10	14.8	660	8860	148	4.46
X2212KV1400	8040	7	6.5	410	5600	45.5	9.01
	8040	8.5	7.2	500	6200	61.2	8.17
	8040	10	10.8	600	6500	108	5.56

3）螺旋桨选用原则

在不超负载的情况下，多旋翼无人机可以更换不同类型的螺旋桨。虽然都可以飞起来，但是飞行效果和续航时间却是大不相同。选择合适的螺旋桨，可以使无人机飞行更稳，航拍效果、续航时间可兼得。

相同型号不同 KV 值的电动机，选择的螺旋桨不一样，每个电动机都有一个推荐的螺旋桨。相对来说，螺旋桨配得过小，不能发挥电动机最大推力；螺旋桨配得过大，电动机会因过热退磁，造成电动机性能的永久下降。

选择螺旋桨时应考虑以下因素。

（1）不同材质的螺旋桨，价格和性能差别较大，应根据实际需要，选择最适合的螺旋桨。

（2）螺旋桨的型号必须与电动机的型号相匹配，可参考电动机厂家推荐使用的螺旋桨型号。

三、电动系统的组装步骤

F450 多旋翼无人机的电动系统配置清单如表 3-3-9 所示。多旋翼无人机电动系统的组装主要包括电动机与电调的连接、电动机的安装和螺旋桨的安装，安装顺序应为安装电动机→固定电池→安装电调→安装螺旋桨。

表 3-3-9　F450 多旋翼无人机的电动系统配置清单

名称	品牌	规格	数量
电动机	朗宇	2216/KV900	4
电调	好盈	30A	4
螺旋桨	APC	1045	4
电池	格氏	3S/3300mA·h/25C	1

1. 电动机的安装

安装电动机时，需要注意将电动机固定牢固稳定。同时拧螺丝时注意不要先将一边的螺丝拧紧，而是先将一个电动机的所有螺丝拧上（而不是拧紧），然后将每个螺丝拧紧。固定好电动机后需要用手稍加用力摇动电动机，检查电动机是否固定牢固。电动机安装具体操作步骤如下。

步骤 1：检查安装需要的配件，电动机、螺丝和机臂，如图 3-3-12 所示。

步骤 2：安装时注意电动机应该安装的位置，如图 3-3-13 所示，螺丝安装在电动机的底部。

图 3-3-12　电动机安装配件图

图 3-3-13　电动机与机架的位置

步骤 3：确定电动机的安装位置后，就可以安装螺丝将电动机固定在机臂上了。在安装电动机的同时要把线整理好，电动机安装完成画面如图 3-3-14 和图 3-3-15 所示。

图 3-3-14　电动机安装完成画面（侧面）

图 3-3-15　电动机安装完成画面（顶面）

【操作提示】

安装电动机时，要注意以下几点：

（1）安装电动机时，无人机机头方向的左上和右下处安装的为顺时针（CW）电动机，右上和左下处安装的为逆时针（CCW）电动机。

（2）安装电动机时使用的螺钉长度要合适，螺钉过长会顶到电动机定子，导致电动机烧坏；螺钉太短，则不能完全把电动机固定在机臂上。

（3）保证电动机机座与机臂连接牢固。无人机飞行时电动机机座松动，是造成电动机偏转及炸机的重要原因之一。

（4）电动机安装好后要进行水平校正，电动机不水平会使多旋翼无人机的稳定性大大降低。

2．电池的固定

电池是为无人机提供能源的部件，也是一个危险部件。在安装时必须注意不能让其短路，也不能将其安装在容易受到撞击的部分。另外，由于无人机在飞行的过程中电流量比较大，会导致电池发热，因此最好不要将电池封闭起来，更不要将电池连接到飞控或电调上。电池固定的操作方法如下。

（1）固定电池时需要的配件有电池托、电池和带胶黏扣，如图 3-3-16 所示。

（2）将一对胶黏扣分别粘在电池和电池托架上，安装时直接扣上即可。此固定方式为临时测试方式，在实际使用时，还需要使用一条绳子（最好是带状）将电池固定牢。电池固定效果如图 3-3-17 所示。固定好电池后，需要检查电池是否固定牢固，为以后的测试和飞行做好第一次检查。

图 3-3-16　固定时的电池安装配件　　　　　图 3-3-17　电池固定效果

【操作提示】

固定好电池后不要着急将电池托安装到机架上，因为还需要安装其他部件。

3．电调的安装

为了便于读者直观地了解电调安装时的线路走向，下面介绍的操作方法中所采用的机架并未安装电动机，但在实际操作中，进行到这一步骤时，电动机已经安装完毕。安装电调的具体操作方法如下。

安装电调时需要的配件为机架和已经连接好的电调，如图 3-3-18 所示。安装电调时电调与机架对应的位置如图 3-3-19 所示。在安装电调时，需要注意安装线的走线方式。图 3-3-20 所示为电调信号线的走线方式，图 3-3-21 所示为电调电源线的走线方式。

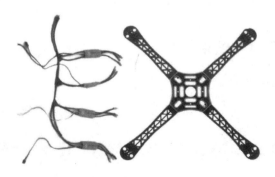

图 3-3-18　电调安装配件　　　　　　　图 3-3-19　电调与机架对应的位置

图 3-3-20　电调信号线的走线方式

图 3-3-21　电调电源线的走线方式

【操作提示】

（1）安装电调时要注意安装方向是否正确。

（2）电调与飞控的连接是有顺序的，这样飞控才能识别出电调控制的电动机是哪台电动机，让无人机按照预想线路飞行。

线路放置完成后便可以安装电池，并将线路的安装方式确定下来。

电动机在与电调连接时需将电调的 3 根输出线与电动机的 3 根输入线焊接，如图 3-3-22 所示。

将电调的 2 根输出线与电动机的 2 根输入线互换，可改变电动机的旋转方向，如图 3-3-23 所示。

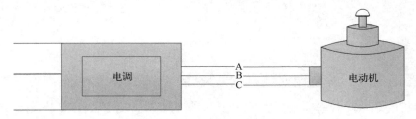

图 3-3-22　电动机与电调的连接方法

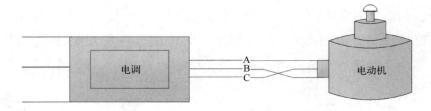

图 3-3-23　改变电动机旋转方向的连接方法

四个电动机和电池都安装好后的效果如图 3-3-24 所示。

【操作提示】

（1）焊接处要牢固、可靠，不能有虚焊现象，以防无人机在飞行过程中因为抖动，使焊接处断裂，从而发生意外。

（2）线缆长度要适宜，布线要合理，以保证无人机外表美观。

（3）所有焊接连接处及铜线裸露的地方都必须套上热缩管。

（4）为方便替换零部件，一般在连接处使用香蕉头连接。

4. 螺旋桨的安装

螺旋桨的安装效果如图 3-3-25 所示。

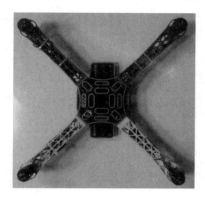

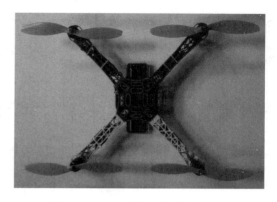

图 3-3-24　四个电动机和电池都安装好后的效果　　　图 3-3-25　螺旋桨的安装效果

【操作提示】

（1）螺旋桨一般在飞行前才安装。

（2）安装螺旋桨前一定要分清正桨和反桨。螺旋桨如果装反，无人机在起飞时会由于受力不平衡发生倾覆。

（3）固定螺旋桨的螺帽一定要锁紧。在无人机飞行过程中电动机会产生高频震动，很容易引起螺钉松动，从而发生射桨。射桨可能会造成炸机，也可能会对操作者和其他人员的生命安全造成威胁。

任务准备

一、外围设备、工具的准备

为完成工作任务，每个工作小组需要向仓库工作人员提供借用工具清单（见表 3-3-10）。

表 3-3-10　多旋翼无人机动力系统的组装借用工具清单

序号	名称	数量	借出时间	学生签名	归还时间	学生签名	管理员签名
1							
2							
3							
4							
5							
6							
7							

二、团队分配方案

还等什么？赶快制订出工作**计划**并**实施**它。

任务实施

一、为了更好地完成任务，你可能需要回答以下资讯

1. 多旋翼无人机采用的动力系统一般分为_____和_____。

2. 电动系统是将_____能转化为_____能再转化为_____能，为无人机飞行提供动力的系统，一般由_____、_____、_____和_____组成。

3. 无人机电动机工作电压由_____决定，而电调电压由_____输出决定，所以电池的电压要_____或_____电动机的最大电压。

4. 无人机电池电压不能超过电调_____承载电压。

5. 电池容量与无人机_____能力密切相关，电池容量越大，_____能力越强。

6. 电子调速器简称_____，是控制电动机_____的调速器，必须与电动机相匹配。

7. 电调最基本的功能就是通过_____给定的 PWM 信号进行电动机调速。

8. 电调还有一些其他辅助功能，如_____保护、_____保护和_____等。

9. 多旋翼无人机电调参数主要有_____、_____、_____频率、可编程特性、兼容性。

10. 电调驱动包括_____驱动和_____驱动。

11. 根据材质的不同，无人机螺旋桨的桨叶可以分成_____桨、_____桨和_____桨。

二、工作任务实施

1. 认识无人机电池

图 3-3-26 所示为 F450 多旋翼无人机选用的电池，查阅资料，说出电池上面标注的"5200mA·h 25C"代表的含义。

2. 多旋翼无人机电动机的组装

根据图 3-3-27 给出的无人机电动机安装配件，查阅资料，按照多旋翼无人机电动机组装方法及步骤完成多旋翼无人机电动机的组装。

图 3-3-26　F450 多旋翼无人机所选用的电池

图 3-3-27　无人机电动机安装配件

在进行多旋翼无人机电动机组装的过程中还遇到了哪些问题，是如何处理的，记录在表 3-3-11 中。

表 3-3-11　多旋翼无人机电动机组装情况记录表

所遇到的问题	解决方法

3．多旋翼无人机电池的组装

查阅资料，按照多旋翼无人机电池组装的方法及步骤完成多旋翼无人机电池的组装。在进行多旋翼无人机电池组装的过程中还遇到了哪些问题，是如何处理的，记录在表 3-3-12 中。

表 3-3-12　多旋翼无人机电池组装情况记录表

所遇到的问题	解决方法

4．多旋翼无人机电调的组装

查阅资料，按照多旋翼无人机电调组装的方法及步骤完成多旋翼无人机电调的组装。在进行多旋翼无人机电调组装的过程中还遇到了哪些问题，是如何处理的，记录在表 3-3-13 中。

表 3-3-13　多旋翼无人机电调组装情况记录表

所遇到的问题	解决方法

5．多旋翼无人机螺旋桨的组装

查阅资料，按照多旋翼无人机螺旋桨组装的方法及步骤完成多旋翼无人机螺旋桨的组装。在进行多旋翼无人机螺旋桨组装的过程中还遇到了哪些问题，是如何处理的，记录在表 3-3-14 中。

表 3-3-14　多旋翼无人机螺旋桨组装情况记录表

所遇到的问题	解决方法

完成了？仔细**检查**，客观**评价**，及时**反馈**。

任务评价

一、成果展示

各小组派代表上台总结在完成任务的过程中学会了哪些技能，发现错误后是如何改正的，并展示成果。

二、学生自我评估与总结

_____。

三、小组评估与总结

_____。

四、教师评估与总结

_____。

五、各小组对工作环境的 6S 现场管理

在小组和教师都完成工作任务总结以后，各小组必须对自己的工作环境进行 6S 现场管理，即整理、整顿、清扫、清洁、安全、素养；归还所借的工具和实习工件。

六、评价表

多旋翼无人机动力系统的组装评价表如表 3-3-15 所示。

表 3-3-15　多旋翼无人机动力系统的组装评价表

班级：_____　　小组：_____　　姓名：_____		指导教师：_____　　日期：_____					
评价项目	评价标准	评价依据	评价方式			权重	得分小计
			学生自评 20%	小组互评 30%	教师评价 50%		
职业素养	1. 遵守企业规章制度、劳动纪律 2. 按时按质完成工作任务 3. 积极主动承担工作任务，勤学好问 4. 人身安全与设备安全 5. 工作环境 6S 现场管理完成情况	1. 出勤 2. 工作态度 3. 劳动纪律 4. 团队协作精神				0.3	

续表

评价项目	评价标准	评价依据	评价方式 学生自评 20%	小组互评 30%	教师评价 50%	权重	得分小计
专业能力	1. 能掌握多旋翼无人机电动系统的组成、性能参数及选用原则 2. 能掌握多旋翼无人机电动系统的组装方法及步骤 3. 会进行多旋翼无人机电动机的安装 4. 会进行多旋翼无人机电池的安装 5. 会进行多旋翼无人机电调的安装 6. 会进行多旋翼无人机螺旋桨的安装	1. 操作的准确性和规范性 2. 任务或项目技术总结完成情况 3. 专业技能任务完成情况				0.5	
创新能力	1. 在任务完成过程中能提出有一定见解的方案 2. 在教学或生产管理上提出具有创新性的建议	1. 方案的可行性及意义 2. 建议的可行性				0.2	
合计							

任务4 多旋翼无人机飞控系统的组装

学习目标

知识目标：

1. 能掌握多旋翼无人机飞控系统的组成及各组成部分的作用。

2. 能掌握多旋翼无人机飞控系统的组装方法及步骤。

能力目标：

会进行多旋翼无人机飞控系统的组装。

工作任务

飞控系统是无人机完成起飞、空中飞行、执行任务和返场回收整个飞行过程的核心系统。飞控对于无人机的作用相当于驾驶员对于有人机的作用，是无人机最核心的技术之一，其实现的功能主要有无人机姿态稳s定和控制、无人机任务设备管理及应急控制三大类。本任务的主要内容是：通过学习掌握多旋翼无人机飞控系统的组成及各组成部分的作用，以及能根据要求完成多旋翼无人机飞控系统的组装。

相关知识

一、多旋翼无人机飞控系统

本任务以F450多旋翼无人机常用的Pixhawk飞控为例，对多旋翼无人机飞控系统进行介绍。

1. Pixhawk 飞控系统简介

图 3-4-1 所示为 Pixhawk 飞控，是一款基于 32 位 ARM 芯片的开源飞控，前身是 APM，由 ETH 的 Computer Visionand Geometry Group 的 Lorenz Meier 开发，最初采用的是分体式的设计，即 PX4。PX4 系列可以单独使用 PX4 FMU，但接线复杂；也可以配合 PX4 I/O 接口板来使用，但是因为没有统一的外壳，不好固定，再加上接线复杂，所以基本上属于实验版本。之后厂商根据 PX4 系列的经验，把 PX4 FMU 和 PX4 I/O 集成到一块板上，并加上了骨状外壳，在优化了硬件和走线之后形成了现在的 Pixhawk。

因为 Pixhawk 是一款基于 32 位 ARM 芯片的开源飞控，所以有很多厂家生产，其外观是多样化，如图 3-4-2 所示。

图 3-4-1　Pixhawk 飞控　　　　　　　　图 3-4-2　不同外观的 Pixhawk

Pixhawk 飞控主要的衍生版本如下。

（1）PX4 飞控：早期的 Pixhawk，PX4 FMU 和 PX4 I/O 采用分体式设计。

（2）Fixhawk 飞控：最主要的、使用范围最广的版本。

（3）Pixhawk2 飞控：3DR 的 SOLO 无人机使用的版本。

（4）Pixfalcon 飞控：轻量化的 Pixhawk，为 FPV 穿越设计的版本。

（5）Pixracer 飞控：简化版 Pixhawk，去除了协处理器，增加了 Wi-Fi 功能，专为 FPV 穿越设计的版本。

2. 飞控的组成

Pixhawk 飞控的零部件组成见表 3-4-1。

表 3-4-1　Pixhawk 飞控的零部件组成

序号	部件名称	部件图示
1	附带 SD 卡的 Pixhawk	

续表

序号	部件名称	部件图示
2	蜂鸣器	
3	安全开关	
4	SD 卡 USB 适配器	
5	USB 连接线	
6	六线制连接线	
7	电源模块	
8	I²C 分配器模块	
9	四接口 I²C 分配器连接线	
10	三线制伺服连接线	
11	泡沫双面黏胶	

3. 飞控接口

Pixhawk 飞控的接口分为正面接口、前端面接口、侧面接口和后端面接口。

1）正面接口

Pixhawk 飞控正面接口共有 15 个，接口定义如表 3-4-2 所示。

表 3-4-2　Pixhawk 飞控正面接口定义

序号	接口名称	接口图示
1	Spektrum DSM 接收机专用接口	
2	遥测：屏幕显示 OSD（TELEM2）接口	
3	遥测：数传（TELEM2）接口	
4	USB 接口	
5	SPI 总线（串行外设接口）接口	
6	电源模块（接供电检测模块）接口	
7	安全开关接口	
8	蜂鸣器接口	
9	串口	
10	GPS 模块接口	
11	CAN 总线接口	
12	I²C 分路器或接指南针模块	
13	ADC（模/数转换器）6.6V 接口	
14	ADC（模/数转换器）3.3V 接口	
15	LED 指示灯	

2）前端面和侧面接口

Pixhawk 飞控前端面和侧面接口共有 4 个，接口定义如表 3-4-3 所示。

表 3-4-3　Pixhawk 飞控前端面和侧面接口定义

序号	接口名称	接口图示
1	I/O 重置按钮	
2	SD 卡插槽	
3	飞行管理重置按钮	
4	Micro USB 接口	

3）后端面接口

Pixhawk 飞控有 4 个后端面接口，其接口定义如表 3-4-4 所示。

表 3-4-4　Pixhawk 飞控后端面接口

序号	接口名称	接口图示
1	无线控制接收机输入	
2	Futaba S-Bus 输出	
3	主输出	
4	辅助输出	

4．飞控接线原理

Pixhawk 飞控的接线原理如图 3-4-3 所示。

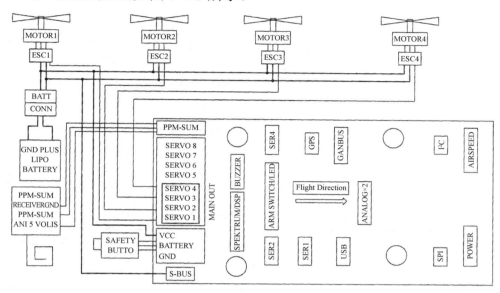

图 3-4-3　Pixhawk 飞控的接线原理

5．接口引线

1）TELEM1、TELEM2 接口

TELEM1、TELEM2 接口引线参数如表 3-4-5 所示。

表 3-4-5　TELEM1、TELEM2 接口引线参数

Pin	Signal	Volt
1（red）	VCC	+ 5V
2（blk）	TX（OUT）	+ 3.3V
3（blk）	RX（IN）	+ 3.3V
4（blk）	CTS	+ 3.3V
5（blk）	RTS	+ 3.3V
6（blk）	GND	GND

2）串行端口 4/5

由于空间限制，两个端口在一个连接器上。串行端口 4/5 引线参数如表 3-4-6 所示。

表 3-4-6　串行端口 4/5 引线参数

Pin	Signal	Volt
1（red）	VCC	+ 5V
2（blk）	TX（#4）	+ 3.3V
3（blk）	RX（#4）	+ 3.3V
4（blk）	TX（#5）	+ 3.3V
5（blk）	RX（#5）	+ 3.3V
6（blk）	GND	GND

无人机组装与调试

3）ADC 6.6V

ADC 6.6V 接口引线参数如表 3-4-7 所示。

表 3-4-7　ADC 6.6V 接口引线参数

Pin	Signal	Volt
1（red）	VCC	+ 5V
2（blk）	ADCIN	upto + 6.6V
3（blk）	GND	GND

4）ADC 3.3V

ADC 3.3V 接口引线参数如表 3-4-8 所示。

表 3-4-8　ADC 3.3V 接口引线参数

Pin	Signal	Volt
1（red）	VCC	+ 5V
2（blk）	ADCIN	upto + 3.3V
3（blk）	GND	GND
4（blk）	ADCIN	upto + 3.3V
5（blk）	GND	GND

5）FC（指南针）

FC 接口引线参数如表 3-4-9 所示。

表 3-4-9　FC 接口引线参数

Pin	Signal	Volt
1（red）	VCC	+ 5V
2（blk）	SCL	+ 3.3（pullups）
3（blk）	SDA	+ 3.3（puliups）
4（blk）	GND	GND

6）CAN

CAN 接口引线参数如表 3-4-10 所示。

表 3-4-10　CAN 接口引线参数

Pin	Signal	Volt
1（red）	VCC	+ 5V
2（blk）	CANH	+ 12V
3（blk）	CANL	+ 12V
4（blk）	GND	GND

7）SPI

SPI 接口引线参数如表 3-4-11 所示。

表 3-4-11　SPI 接口引线参数

Pin	Signal	Volt
1（red）	VCC	+ 5V
2（blk）	SPI_EXT_SCK	+ 3.3V
3（blk）	SPI_EXT_MISO	+ 3.3V
4（blk）	SPI_EXT_MOSI	+ 3.3V
5（blk）	SPI_EXT_NSS	+ 3.3V
6（blk）	GPIO_EXT	+ 3.3V
7（blk）	GND	GND

8）POWER（电池）

POWER 接口引线参数如表 3-4-12 所示。

表 3-4-12　POWER 接口引线参数

Pin	Signal	Volt
1（red）	VCC	+ 5V
2（blk）	VCC	+ 5V
3（blk）	CURRENT	+ 3.3V
4（blk）	VOLTAGE	+ 3.3V
5（blk）	GND	GND
6（blk）	GND	GND

9）SWITCHC（安全开关）

SWITCHC 接口引线参数如表 3-4-13 所示。

表 3-4-13　SWITCHC 接口引线参数

Pin	Signal	Volt
1（red）	VCC	+ 3.3V
2（blk）	IIOLEDSAFETY	GND
3（blk）	SAFETY	GND

二、Pixhawk 飞控的组装

1．减震座的安装

减震座的安装方法如下。

（1）把减震球安装在减震板上。

（2）使用 3M 胶把减震板固定在沉金板重心位置，

减震座安装完成效果如图 3-4-4 所示。

【操作提示】

需先把减震板的下板（要装减震球）固定在上中心板的中央（可以用 3M 胶直接固定，也可以用 3M 胶加扎带固定），再装上减震板的上板。

图 3-4-4　减震座安装完成效果

2. 飞控的安装

飞控的安装方法如下。

（1）将 3M 胶贴在飞控反面，如图 3-4-5 所示。

（2）确保飞控上的飞行方向箭头指向无人机机头方向，将飞控固定在减震座上。

飞控安装完成效果如图 3-4-6 所示。

（a）飞控正面

（b）飞控反面

图 3-4-5　将 3M 胶贴在飞控上

图 3-4-6　飞控安装完成效果

【操作提示】

为方便拆卸，不要整个飞控都粘上 3M 胶，一般在飞控的 4 个角上粘上部分 3M 胶即可，如图 3-4-5（b）所示。

3. 蜂鸣器的安装

蜂鸣器的安装方法如下。

（1）将蜂鸣器用 3M 胶固定在机臂上。

（2）将蜂鸣器的接线插到飞控的 BUZZER 接口上，如图 3-4-7 所示。

蜂鸣器安装完成后的效果如图 3-4-8 所示。

图 3-4-7　蜂鸣器接口和安全开关连接接口

图 3-4-8　蜂鸣器安装完成后的效果

4．安全开关的安装

安全开关的安装方法如下。

（1）将安全开关固定在机架上。

（2）将安全开关的线插到飞控 SWITCH 接口上，如图 3-4-7 所示。

安全开关安装完成效果如图 3-4-9 所示。

5．电调杜邦线的安装

电调杜邦线的安装方法如下。

（1）将杜邦线按照电动机编号顺序分别插入飞控上 MAIN OUT 的对应编号的接口，电动机编号如图 3-4-10 所示。

（2）插线时注意负极（黑线）在上，信号线在下，如图 3-4-11 所示。

图 3-4-9　安全开关安装完成效果

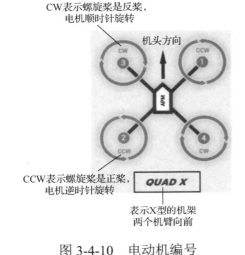

图 3-4-10　电动机编号

图 3-4-11　电调杜邦线的安装

【操作提示】

布线要合理，不能相互干扰。

任务准备

一、外围设备、工具的准备

为完成工作任务，每个工作小组需要向仓库工作人员提供借用工具清单（见表3-4-14）。

表3-4-14　多旋翼无人机飞控系统的组装借用工具清单

序号	名称	数量	借出时间	学生签名	归还时间	学生签名	管理员签名
1							
2							
3							
4							
5							
6							
7							

二、团队分配方案

还等什么？赶快制订出工作计划并实施它。

任务实施

一、为了更好地完成任务，你可能需要回答以下资讯

1. 简述多旋翼无人机飞控系统的作用。
2. Pixhawk飞控的接口主要有几种？

二、工作任务实施

1. 认识多旋翼无人机飞控系统

查阅资料，判断表3-4-15中的各个部件应该连接在飞控的哪个接口上，并完成表3-4-15。

表 3-4-15 认识多旋翼无人机飞控系统

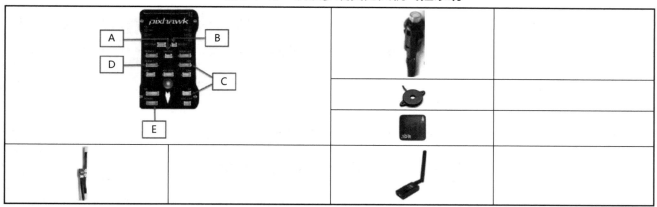

2. 多旋翼无人机飞控系统的组装

查阅资料，按照多旋翼无人机飞控系统的组装方法及步骤完成多旋翼无人机飞控系统的组装。

在进行多旋翼无人机飞控系统组装过程中还遇到了哪些问题，是如何处理的，记录在表 3-4-16 中。

表 3-4-16 多旋翼无人机飞控系统组装情况记录表

所遇到的问题	解决方法

完成了？仔细**检查**，客观**评价**，及时**反馈**。

任务评价

一、成果展示

各小组派代表上台总结在完成任务的过程中学会了哪些技能，发现错误后是如何改正的，并展示成果。

二、学生自我评估与总结

_____ 。

三、小组评估与总结

_____ 。

四、教师评估与总结

_____ 。

五、各小组对工作环境的 6S 现场管理

在小组和教师都完成工作任务总结以后，各小组必须对自己的工作环境进行 6S 现场管理，即整理、整顿、清扫、清洁、安全、素养；归还所借的工具和实习工件。

六、评价表

多旋翼无人机飞控系统的组装评价表如表 3-4-17 所示。

表 3-4-17　多旋翼无人机飞控系统的组装评价表

班级：_____ 小组：_____ 姓名：_____		指导教师：_____ 日期：_____					
评价项目	评价标准	评价依据	评价方式			权重	得分小计
			学生自评 20%	小组互评 30%	教师评价 50%		
职业素养	1．遵守企业规章制度、劳动纪律 2．按时按质完成工作任务 3．积极主动承担工作任务，勤学好问 4．人身安全与设备安全 5．工作环境 6S 现场管理完成情况	1．出勤 2．工作态度 3．劳动纪律 4．团队协作精神				0.3	
专业能力	1．能认识多旋翼无人机飞控系统的组成及各组成部分的作用 2．能掌握多旋翼无人机飞控系统的组装方法及步骤 3．能进行多旋翼无人机飞控系统的组装	1．操作的准确性和规范性 2．任务或项目技术总结完成情况 3．专业技能任务完成情况				0.5	
创新能力	1．在任务完成过程中能提出有一定见解的方案 2．在教学或生产管理上提出具有创新性的建议	1．方案的可行性及意义 2．建议的可行性				0.2	
合计							

任务 5　多旋翼无人机遥控装置的组装

学习目标

知识目标：

1．能掌握多旋翼无人机遥控装置的组成及各组成部分的作用。

2．能掌握多旋翼无人机遥控装置的组装方法及步骤。

能力目标：

会进行多旋翼无人机遥控装置的组装。

 **工作任务**

如今遥控器的功能越来越强大，不仅可以支持多种机型，而且可以更改控制参数。新买的遥控器的默认出产设置未必适合每台无人机，我们需要对遥控器进行一系列调试才能使遥控器发挥最大的作用，以及更好地对无人机进行操控。目前，市面上的遥控器常见的国外品牌有Futaba、JR、Hitec 和 Sanwa 等，常见的国产品牌有睿思凯、天地飞、乐迪和富斯等。本任务的主要内容是：通过学习掌握多旋翼无人机遥控装置的组成及各组成部分的作用，并能根据要求完成多旋翼无人机遥控装置的组装。

 相关知识

一、多旋翼无人机遥控装置

遥控器和接收机是遥控链路的重要组成部分，负责将无人机驾驶员的控制指令传送到机载飞控上，以便飞控执行指令。遥控器种类繁多，接收机也有多种类型。本任务以 F450 多旋翼无人机使用的乐迪 AT-9 遥控器为例进行介绍。

1．遥控器面板

乐迪 AT-9 遥控器面板正面和背面如图 3-5-1 和图 3-5-2 所示。

图 3-5-1　乐迪 AT-9 遥控器面板正面

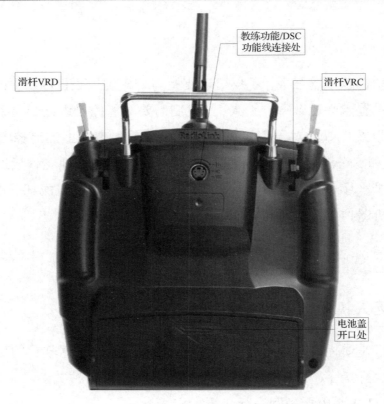

图 3-5-2　乐迪 AT-9 遥控器面板背面

2. 遥控器开关

乐迪 AT-9 遥控器开关/旋钮在多旋翼无人机中的功能如表 3-5-1 所示。

表 3-5-1　乐迪 AT-9 遥控器开关/旋钮在多旋翼无人机中的功能

开关/旋钮	功能
SwA	升降舵双比率开关/CH10
SwB	方向舵双比率开关/CH9
SwC	姿态选择
SwD	副翼双比率开关
SwE	—
SwF	—
SwG	—
SwH	教练功能
VRA	襟翼微调旋钮/CH6
VRB	CH8
滑杆 VRC	—
滑杆 VRD	—

3. 接收机通道定义

乐迪 AT-9 遥控器接收机的通道定义如图 3-5-3 所示。

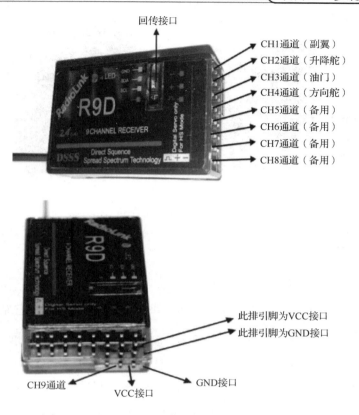

图 3-5-3　乐迪 AT-9 遥控器接收机的通道定义

二、遥控装置的组装

1．接收机的安装

接收机的安装方法如下。

使用泡沫双面胶将接收机安装在沉金板或者机臂上，如图 3-5-4 所示。

接收机由精密的电子部件组成，应避免剧烈的震动，且应远离高温。为了更好地保护接收机，可以使用泡沫或其他吸震材料将其缠绕起来。将接收机放在塑料袋中并用橡皮筋将其扎紧是很好的防水方法。如果水分或燃料进入接收机，则可能导致无人机间断性失控，甚至坠毁。

2．接收机与飞控接线

用一根杜邦线将飞控的 RC 接口与接收机的 S-BUS 接口连接，如图 3-5-5 所示。

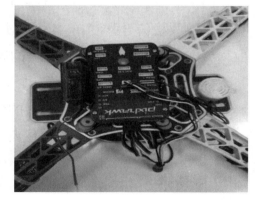

图 3-5-4　接收机的安装

3．遥控器电池的安装

将电池插头完全插入遥控器插槽。当需要断开连接时，不要拉扯电线，而应该握住塑料连接头将其拔下。

图 3-5-5　接收机与飞控接线图

4．接收机天线的安装

接收机天线的安装应注意以下几个方面。

（1）在一般情况下接收机的天线比较长，安装时不要将其折断或者缩进去，否则将减小无人机的可控制范围；接收机的天线应尽可能远离金属物，无人机在飞行前应进行飞行范围检测。

（2）尽量保证天线笔直，否则将会减小无人机的控制范围。

（3）无人机上可能会存在影响信号发射的金属部件，所以天线应处于无人机的两侧，这样在任何飞行姿态下都能保证接收机拥有最佳的信号状态。

（4）天线应该尽可能远离金属导体和碳纤维，二者之间至少要保持半英寸的距离，但不能过度弯曲。

（5）使天线尽可能远离电动机、电调和其他可能的干扰源。

5．遥控器天线的安装

遥控器天线的安装应注意以下几个方面。

（1）遥控器的天线是可调整的，要确保飞行过程中天线不要直接对着无人机，否则，可能会减弱接收机信号强度。

（2）保持天线垂直于遥控器的表面，能使接收机收到最佳的接收信号，这也取决于如何握持遥控器。但是在大多数情况下，调整遥控器的天线至垂直于遥控器的表面将会有更好的发射和接收效果。可根据握持遥控器的信号发射方式调整遥控器的天线。

（3）在飞行过程中不要握住天线，这样会削弱遥控器的发射信号。

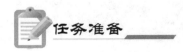

一、外围设备、工具的准备

为完成工作任务，每个工作小组需要向仓库工作人员提供借用工具清单（见表 3-5-2）。

表 3-5-2　多旋翼无人机遥控装置的组装借用工具清单

序号	名称	数量	借出时间	学生签名	归还时间	学生签名	管理员签名
1							
2							
3							
4							
5							
6							
7							

二、团队分配方案

还等什么？赶快制订出工作计划并实施它。

 任务实施

一、为了更好地完成任务，你可能需要回答以下资讯

1．简述多旋翼无人机遥控装置的作用。
2．简述多旋翼无人机遥控装置的组装方法。

二、工作任务实施

1．认识多旋翼无人机遥控装置

查阅资料，判断表 3-5-3 中图示的遥控装置是什么品牌的。

表 3-5-3　常见品牌的遥控装置

图示	品牌名称

图示	品牌名称
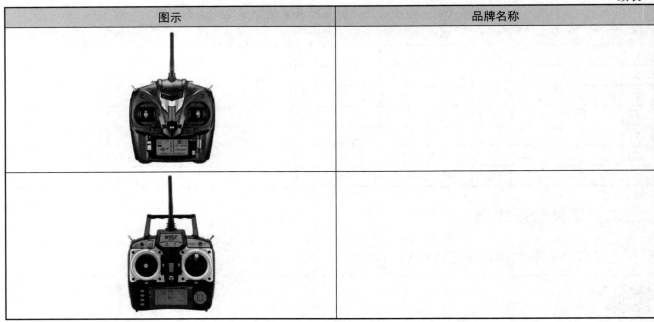	

2．多旋翼无人机遥控装置的组装

查阅资料，按照多旋翼无人机遥控装置的组装方法及步骤完成多旋翼无人机遥控装置的组装。

在进行多旋翼无人机遥控装置组装的过程中还遇到了哪些问题，是如何处理的，记录在表 3-5-4 中。

表 3-5-4　多旋翼无人机遥控装置组装情况记录表

所遇到的问题	解决方法

完成了？仔细检查，客观评价，及时反馈。

任务评价

一、成果展示

各小组派代表上台总结在完成任务的过程中学会了哪些技能，发现错误后是如何改正的，并展示成果。

二、学生自我评估与总结

三、小组评估与总结

_____ 。

四、教师评估与总结

_____ 。

五、各小组对工作环境的 6S 现场管理

在小组和教师都完成工作任务总结以后，各小组必须对自己的工作环境进行 6S 现场管理，即整理、整顿、清扫、清洁、安全、素养；归还所借的工具和实习工件。

六、评价表

多旋翼无人机遥控装置的组装评价表如表 3-5-5 所示。

表 3-5-5　多旋翼无人机遥控装置的组装评价表

班级：_____ 小组：_____ 姓名：_____				指导教师：_____ 日期：_____				
评价项目	评价标准		评价依据	评价方式			权重	得分小计
				学生自评 20%	小组互评 30%	教师评价 50%		
职业素养	1．遵守企业规章制度、劳动纪律 2．按时按质完成工作任务 3．积极主动承担工作任务，勤学好问 4．人身安全与设备安全 5．工作环境 6S 现场管理完成情况		1．出勤 2．工作态度 3．劳动纪律 4．团队协作精神				0.3	
专业能力	1．能掌握多旋翼无人机遥控装置的组成及各组成部分的作用 2．能掌握多旋翼无人机遥控装置的组装方法及步骤 3．会进行多旋翼无人机遥控装置的组装		1．操作的准确性和规范性 2．任务或项目技术总结完成情况 3．专业技能任务完成情况				0.5	
创新能力	1．在任务完成过程中能提出有一定见解的方案 2．在教学或生产管理上提出具有创新性的建议		1．方案的可行性及意义 2．建议的可行性				0.2	
合计								

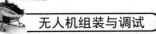

任务 6 多旋翼无人机软件内部参数的调整

 **学习目标**

知识目标：

1. 能了解多旋翼无人机 PID 手动调参和自动调参的方法。
2. 能掌握多旋翼无人机飞控系统的调试内容、方法及步骤。
3. 能掌握多旋翼无人机遥控器和接收机的调试内容、方法及步骤。
4. 能掌握多旋翼无人机动力系统的调试内容、方法及步骤。

能力目标：

1. 会进行多旋翼无人机飞控系统的调试。
2. 会进行多旋翼无人机遥控器和接收机的调试。
3. 会进行多旋翼无人机动力系统的调试。

 工作任务

多旋翼无人机的调试内容主要为软件部分的调试，包括飞控调试、遥控器和接收机调试、动力系统调试等。其中，飞控调试包括安装调试软件与固件、各种传感器校准和飞控相关参数的设置等；遥控器和接收机调试包括对码操作、遥控器模式设置、通道配置、接收机模式选择、模型选择与机型选择、舵机行程量设置、中立微调、舵机相位设置、舵量显示操作、教练功能设置和可编混控设置等；动力系统调试主要是电调调参等内容。本任务的主要内容是：通过学习会对多旋翼无人机进行 PID 参调、Pixhawk 飞控调试、遥控器和接收机调试及动力系统调试。

 相关知识

一、PID 参调

1．PID 简介

无人机要实现悬停，或者飞得稳，必须进行 PID 参调。以悬停为例，大多数人认为无人机在悬停时是不动的，事实上悬停时的无人机无时无刻不在动，只是动的幅度和频率与飞行时不同而已。那么无人机为什么要一直动呢？原因就是无人机不断在测量当前的姿态和位置，并与目标的姿态和位置进行比较，通过比较得出的偏差值来控制自身达到目标姿态和位置的响应时间、响应速度和响应力度。我们需要做的是根据不同的无人机硬件特点和飞行性能，设置 PID 值，让无人机平稳飞行。由于无人机的自稳主要影响的是横滚方向和俯仰方向的飞行，对偏航方向的飞行的影响不大，所以主要针对横滚方向和俯仰方向的飞行进行 PID 参调。

闭环自动控制技术是基于反馈的概念来降低不确定性的，反馈的要素包括三部分：测量、比较和执行。测量是指将被控变量的实际值与期望值相比较；偏差用于纠正系统的响应；执行调节控制。在实际中，应用最为广泛的调节器控制规律为比例、积分、微分控制，简称 PID 控制，又称 PID 调节。PID 分别代表了比例、积分和微分。

1）比例控制（P）

比例控制是一种最简单的控制方式，控制器的输出与输入误差信号呈比例关系。当仅有比例控制时系统输出存在稳态误差。

2）积分控制（I）

在积分控制中，控制器的输出与输入误差信号的积分成正比。对于一个自动控制系统，如果在进入稳态后存在稳态误差，则称这个控制系统是有稳态误差的（简称有差系统）。为了消除稳态误差，控制器必须引入积分项。积分项误差取决于时间的积分，随着时间的增加，积分项会增大。这样，即便误差很小，积分项也会随着时间的增加而加大，从而推动控制器的输出增大，使稳态误差进一步减小，直到等于零。因此，比例＋积分（P＋D）控制器可以使系统在进入稳态后无稳态误差。

3）微分控制（D）

在微分控制中，控制器的输出与输入误差信号的微分（误差的变化率）成正比。自动控制系统在克服误差的调节过程中可能会出现振荡，甚至失稳。其原因是存在较大惯性组件（环节）或有滞后组件，其变化总是落后于误差的变化，具有抑制误差作用。解决办法是使抑制误差作用的变化"超前"，即在误差接近零时，抑制误差的作用就应该是零。在控制器中仅引入比例项往往是不够的，比例项的作用只是放大误差的幅值，还需要增加微分项，它能预测误差变化的趋势，这样，比例＋微分（P＋D）控制器就能提前使抑制误差的控制作用等于零，甚至为负值，从而避免被控量严重超调。所以对于有较大惯性或滞后的被控对象，比例＋微分控制器能改善系统在调节过程中的动态特性。

2. 不良 PD 值的表现

不良 PD 值的表现如下。

（1）动态响应过快或过慢。

（2）控制过冲或不足。

（3）无人机抖动，无法顺利起飞和降落，自稳能力弱，甚至出现摔机。

3. 较好 PD 值的表现

在姿态信息和螺旋桨转速之间建立比例、积分和微分的关系，通过调节各个环节的参数大小，使多旋翼系统控制实现更优良的稳定性、准确性、快速性，具体表现如下。

（1）动态响应迅速、及时。

（2）控制既不过冲也不欠缺。

（3）无人机无抖动，飞行平稳，自稳能力强，动作迅速有力。

4．PID 手动调参

PID 手动调参是相对 PID 自动调参来说的，是指先对无人机进行试飞，感受它在飞行过程中有哪些问题，然后根据经验，对 PID 值进行修改，修改完后再次进行试飞。反复几次后使无人机达到理想状态。

常用的 PID 调参方法有下两种。

（1）直接感受无人机的飞行情况，从感观上判断问题所在，然后逐步调试。

（2）利用飞控调试软件的黑匣子功能，黑匣子里有电动机在飞行过程中的振荡记录，根据记录进行调试。

PID 调试口诀如下。

参数整定找最佳，从小到大顺序查。

先是比例后积分，最后再把微分加。

曲线振荡很频繁，比例度盘要放大。

曲线漂浮绕大弯，比例度盘往小扳。

曲线偏离恢复慢，积分时间往下降。

曲线波动周期长，积分时间再加长。

曲线振荡频率快，先把微分降下来。

误差大来波动慢，微分时间应加长。

理想曲线两个波，前高后低四比一。

一看二调多分析，调节质量不会低。

5．PID 自动调参

PID 自动调参是相对 PID 手动调参而言的，调节内容和手动调参一样，只是调节的方式不一样。PID 自动调参是使无人机飞在一定高度后，在两个方向上（横滚方向、俯仰方向）做偏摆运动，自行重复数次，同时自行检测响应速度、自稳的力度和速度等，然后自行进行 PID 调参，直到无人机达到一个比较好的状态。调试过程会受各种外界因素的影响，所以调试完成后并不是一个理想状态，可以重复进行多次自动调参。并不是所有的飞控都有自动调参功能，配置较低的飞控通常不具备 PID 自动调参功能。下面以 Pixhawk 飞控为例介绍 PID 自动调参方法。

1）Pixhawk 飞控自动调参功能

Pixhawk 飞控自动调参是 ArduCopter3.1rc5 版本以上的固件才有的功能。自动调参功能可以自动调整 Stabilize P 和 Rate P、Rate I 的参数，从而得到更高的灵活性，且不会过大的超调。因为 PID 自动调参是通过无人机在飞行中不断完成横滚和俯仰动作来得到最佳 PID 参数的，所以在使用 PID 自动调参前必须切换至定高模式（飞行模式的一种，飞行时无人机自动控制高度不变），而且要时刻观察无人机状态，保证无人机在控制范围内。

PID 自动调参注意事项如下。

（1）要在一个空旷的场所进行 PID 自动调参。

（2）保证无人机电量充足。

（3）尽量减少导致飞行不稳定的外部因素。

（4）在切换至 PID 自动调参功能前，确保无人机姿态已经相对稳定。

（5）确定控制 PID 自动调参的开关可以达到所需的行程量。

（6）在自稳模式时，PID 自动调参功能也可以启动，所以在启动 PID 自动调参功能之前，要确保无人机已经切换到定高模式，避免误碰，发生危险。

（7）实时观察无人机飞行状态，注意人身及设备安全。

（8）当无人机发生漂移时，迅速调整无人机姿态，避免无人机移动速度过快。

（9）PID 自动调参完后，如果效果不好，建议排查飞控减震、机械部件松动等因素。

（10）ATUN（自动调参概要）与 ATDE（自动调参详情）的信息会被写入闪存中，具体的相关内容可参见 Wiki 的闪存记录页面。

2）自动调参的步骤

设定定高模式，如图 3-6-1 所示；把通道 7 或者通道 8 设定为 PID 自动调参的开关，如图 3-6-2 所示。

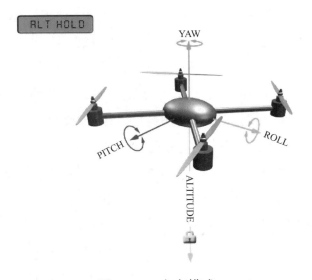

图 3-6-1　定高模式

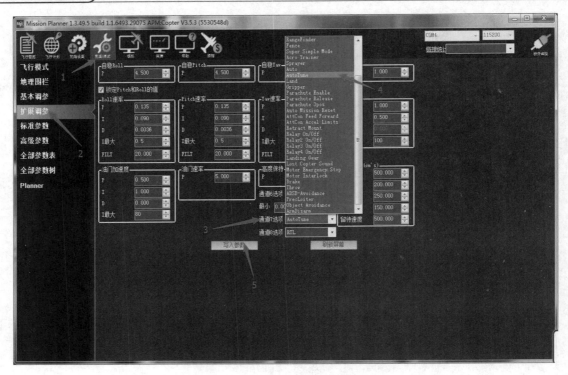

图 3-6-2　设定 PID 自动调参开关

在无人机起飞时确保通道 7 或通道 8 处于低位，在一个较好的天气（晴朗、无风）到一个开阔的场地进行调参。无人机起飞后在一个合适的高度将其切换到定高模式（定高模式下的无人机只是高度保持不变，但在水平方向会发生漂移，驾驶员需要实时控制无人机水平位置，不需要控制其高低位置）。

当无人机姿态相对稳定后，将通道 7 或通道 8 拨至高位以开启 PID 自动调参模式。此时，无人机以 20° 左右的角度在横滚方向来回偏摆几分钟，然后在俯仰方向重复同样的过程，如果无人机飘得过远，可以通过打杆让它飞回来（此时无人机用的是 PID 自动调参前的参数）。

无人机飞回来后松开遥控器操纵杆，PID 自动调参将会继续进行。此时一定要耐心等待，否则会前功尽弃。如果想终止 PID 自动调参，只需把通道 7 或通道 8 拨回低位即可。当通道 7 或通道 8 处于低位时 PID 自动调参将终止并且切换回 PID 自动调参前的参数。

经过几分钟的偏摆动作后，无人机将会切换回 PID 自动调参前的 PID 参数，如果想测试 PID 自动调参得到的 PID 参数的飞行效果，需要把通道 7 或通道 8 拨回低位，再拨到高位。如果想继续使用 PID 自动调参前的参数，把通道 7 或通道 8 拨到低位即可。

如果觉得 PID 自动调参得到的 PID 参数飞行效果不错，那么在给无人机上锁时使通道 7 或通道 8 保持高位，这样新的 PID 参数将会保持并且覆盖 PID 自动调参前的参数。如果觉得 PID 自动调参得到的参数不太好，那么在给无人机上锁时使通道 7 或通道 8 保持低位，此时 PID 自动调参得到的参数就不会保存；或者将 PID 自动调参的参数保存后再进行一次 PID 自动调参。

二、飞控调试

飞控调试是指用调试软件对飞控进行调试。飞控作为无人机的核心部件，可按照是否开源分为开源飞控和闭源飞控。闭源飞控使用简单，几乎不用调试，只需进行简单的设置。F450多旋翼无人机使用的 Pixhawk 飞控，属于开源飞控，相对复杂，调试的内容较多。

1．调试软件

调试软件是指飞控调试软件，除价格低廉的闭源飞控外，大部分飞控支持调参，且有相应的调试软件。常用的几款飞控与对应的调试软件如表 3-6-1 所示。

表 3-6-1　常见的几款飞控与对应的调试软件

飞控	调试软件
CC3D	Open Pilot GCS
F3、F4 飞控	Cleanflight、Betaflight
NAZA	Zadig
MWC	Arduino
APM、Pixhawk	Mission Planner

2．调试软件 Mission Planner 的安装

APM 固件相当于控制无人机的大脑，因此在使用 Pixhawk 前一定要先装上它。将 APM 固件下载到 Pixhawk 上，然后在控制站的计算机上安装 Mission Planner。可以选择 Mission Planner（适用于 Windows 系统），也可以选择 APM Planner（适用于 Windows、Mac、Linux 系统），如图 3-6-3 所示，本书选择 Mission Planner。

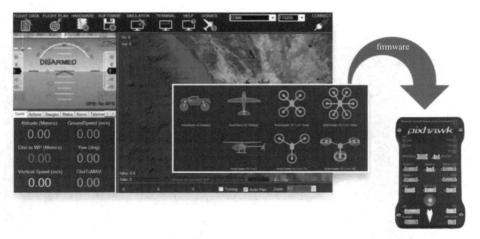

图 3-6-3　选择 Mission Planner

Pixhawk 飞控控制站安装 Mission Planner 需要先安装微软的 Net Framework 4.0 组件，如果计算机已经安装该组件，则不需要重新安装。Mission Planner 既有 MSI 版和绿色版，又有英文版和中文版，在安装 Mission Planner 的过程中会同时安装 Pixhawk 的 USB 驱动。Pixhawk 的

USB 驱动安装过程比较简单，根据向导一步一步安装即可，如图 3-6-4 所示。

首次连接飞控时，先将飞控与计算机连接，查看设备管理器的端口分配，如图 3-6-5 所示；然后打开 Mission Planner，并单击在主界面右上方下拉列表框，选择对应的 COM 口，如图 3-6-6 所示（可以通过计算机设备管理器的端口查看驱动安装情况，一般正确识别的 COM 口都有 PX4 标识，直接选择带这个标识的 COM 口即可）；将波特率设置为 115200；最后单击"连接"选项即可。

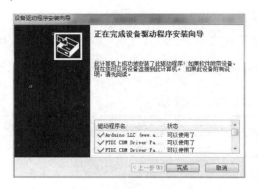

图 3-6-4　Pixhawk 的 USB 驱动安装向导

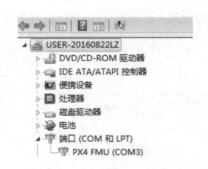

图 3-6-5　Pixhawk 端口

图 3-6-6　选择对应的 COM 口

3. Mission Planner 界面

Mission Planner 主界面如图 3-6-7 所示，工具栏中的图标从左到右的功能为：飞行数据、飞行计划、初始设置、配置调试、模拟、终端、帮助、捐赠，以及图 3-6-6 中的端口选择下拉列表框。

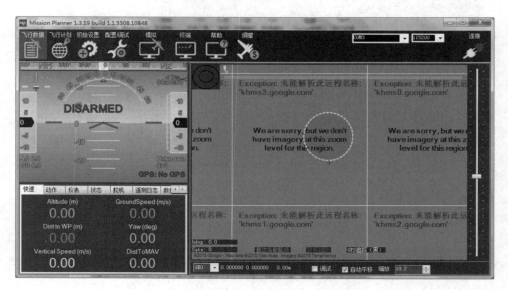

图 3-6-7　Mission Planner 主界面

4．安装固件

新的 Pixhawk 飞控一般带有 4 轴"X"形无人机固件，若需要新的固件时，可自行安装。安装固件操作步骤如下。

（1）将飞控与计算机的 USB 插口相连接。

（2）打开 Mission Planner 软件，单击"初始设置"按钮，选择安装方式。Mission Planner 提供两种固件安装方式：一种是手动模式；另一种是向导模式。向导模式会一步一步地以对话框形式提示选择对应的飞控、飞行模式等参数，虽然操作简单，但是在安装过程中会检索计算机端口。由于计算机性能存在差异，在进行端口检索时，若端口没有有效释放，那么后续固件烧录将提示不成功。所以使用向导模式安装固件出错的概率比较大，建议使用手动模式安装固件。

（3）单击"安装固件"按钮，软件会自动从网络下载最新版本的固件，并在窗口右侧图形化显示固件名称及固件对应的无人机模式，在对应的无人机模式的图片上单击，即可安装相应固件。例如，要安装 4 轴多旋翼无人机固件，只需单击页面中的第三个图标，如图 3-6-8 所示，Mission Planner 就会自动从网络上下载该固件，然后自动完成连接 Pixhawk→写入程序→校验程序→断开连接等一系列动作，无须人工干预。如果需要其他版本的固件，可以单击"从网页下载固件"链接，下载其他版本的固件；如果想使用某历史版本的固件，那么单击右下角"选择以前的固件"链接，就会出现一个下拉列表框，在下拉列表框里选择自己需要的固件即可。

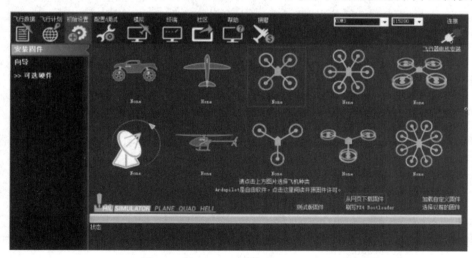

图 3-6-8　安装固件

（4）在提示固件安装成功后，单击右上角的"连接"选项连接 Pixhawk，即可查看 Pixhawk 实时运行姿态与数据。

【操作提示】

（1）安装固件时只需将飞控与计算机的 USB 插口相连接，无须在 Mission Planner 软件上连接飞控。

（2）勿使用无线数传连接飞控安装固件，虽然无线数传与 USB 有同样的通信功能，但它缺少 reset 信号，无法在刷固件的过程中给 Mega2560 复位，会导致安装失败。

（3）在安装固件的过程中勿断开数据线，按提示进行操作。

5．机架类型选择

单击"初始配置"按钮，单击界面左侧的"必要硬件"按钮，再单击"机架类型"按钮，选择机架类型，如图 3-6-9 所示。对于 3DR Y6，选择"X"形；对于 3DR Quad，选择"+"型或者"X"形。本任务使用的机型是 F450 多旋翼无人机，所以应选择"X"形。

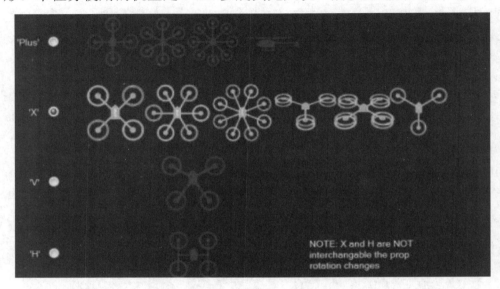

图 3-6-9　可选择的机架类型

6．飞控的设置

重新刷固件后传感器的数据将变回初始值，需要进行一系列校准后才能正常使用。需要校准的内容包括加速计、指南针、遥控器、油门行程。如果加速计、指南针、遥控器 3 项没有进行校准，那么解锁飞控时会出现表 3-6-2 中的 3 种报警。

表 3-6-2　解锁飞控时会出现的报警类型

报警类型	说明
PreArni：INS not calibrated	加速计没有校准
PreArm：Compass not calibrated	指南针没有校准
PreArm：RC not calibrated	遥控器没有校准

1）加速计校准

进行加速计校准之前，需要准备一个六面平整、边角整齐的方形硬纸盒或者塑混盒并将其作为 Pixhawk 校准时的水平垂直姿态参考面。加速计校准需要在水平的桌面或者地面上进行，具体的操作方法如下。

步骤 1：用双面胶将 Pixhawk 主板正面向上固定于方形盒子上，如图 3-6-10 所示。

图 3-6-10　Pixhawk 主板正面向上固定于方形盒子上

步骤 2：将 Pixhawk 与计算机连接，打开 Mission Planner 并单击"连接"选项，单击图 3-6-11 所示加速计校准初始界面中的"安装固件"下的"必要硬件"选项，选择"加速计校准"选项，单击右边的"校准加速计"按钮，弹出提示框提示"Place vehicle level and press any key."（请把 Pixhawk 水平放置然后按任意键继续），如图 3-6-12 所示。

图 3-6-11　加速计校准初始界面

图 3-6-12　加速计校准步骤 2 界面

步骤 3：按键盘上的任意键继续，弹出提示框"Place vehicle on its LEFT side and press any key."（请把飞控向左侧立然后按任意键继续），如图 3-6-13 所示。按图 3-6-14 所示方式放置 Pixhawk，注意 Pixhawk 上的箭头（机头）指向，后面的校准动作都将以此来辨别 Pixhawk 的前后左右。放好后，按键盘上的任意键继续。

图 3-6-13　加速计校准步骤 3 界面

图 3-6-14　进行步骤 3 时飞控的放置方式

步骤 4：弹出现提示框"Place vehicle on its RIGHT side and press any key."（请把飞控向右侧立然后按任意键继续），此时按图 3-6-15 放置 Pixhawk，注意 Pixhawk 上的箭头（机头）指

向，单击屏幕上的"Click When Done"按钮，如图 3-6-16 所示。

图 3-6-15　进行步骤 4 时飞控的放置方式

图 3-6-16　加速计校准步骤 4 界面

步骤 5：弹出提示框"Place vehicle nose DOWN and press any key."（请把飞控机头向下垂直立起然后按任意键继续），此时按图 3-6-17 放置 Pixhawk，注意 Pixhawk 上的箭头（机头）指向，单击屏幕上的"Click When Done"按钮，如图 3-6-18 所示。

图 3-6-17　进行步骤 5 时飞控的放置方式

图 3-6-18　加速计校准步骤 5 界面

步骤 6：弹出提示框"Place vehicle nose UP and press any key."（请把飞控机头向上垂直立起然后按任意键继续），此时按图 3-6-19 放置 Pixhawk，注意 Pixhawk 上的箭头（机头）指向，单击屏幕上的"Click When Done"按钮，如图 3-6-20 所示。

图 3-6-19　进行步骤 6 时飞控的放置方式

图 3-6-20　加速计校准步骤 6 界面

步骤7：弹出提示框"Place vehicle on its BACK and press any key."（请把飞控背部向上水平放置然后按任意键继续），此时按图3-6-21放置Pixhawk，注意Pixhawk上的箭头（机头）指向，单击屏幕上的"Click When Done"按钮，如图3-6-22所示。

图3-6-21　进行步骤7时飞控的放置方式

图3-6-22　加速计校准步骤7界面

在弹出"Calibration successful"（校准成功）提示后，加速计校准完成，如图3-6-23所示。

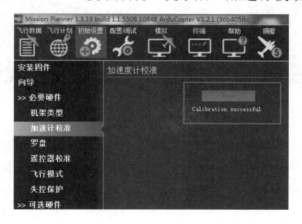

图3-6-23　加速计校准完成界面

2）指南针校准

Pixhawk飞控有自带的指南针，也可以外接带指南针的GPS，也就是说可以仅使用内置指南针，也可以仅使用外置指南针，甚至两者共同使用。这里需要注意的是，如果两者共同使用，一定要同时校准，而且校准后外置指南针要标记方向，在使用时不要改变安装方向，否则将导致解锁失败。

步骤1：校准外置指南针时，依次单击"初始设置"→"罗盘"选项。如校准内置指南针，则执行"Pixhawk/ PX4"→"开始校准"命令，如图3-6-24所示。

步骤2：使无人机沿各个轴做圆周运动，至少沿每个轴旋转一次，即俯仰360°一次，横滚360°一次，水平原地自转360°一次。可以看到屏幕上的进程，如图3-6-25所示。

步骤3：校准完成后会弹出如图3-6-26所示提示框，该提示框中的信息是指南针的误差量，单击"OK"按钮，即可完成指南针校准。如果觉得误差太大，那么可以重复校准一次。

图 3-6-24　指南针校准步骤 1 界面

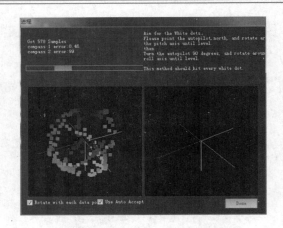

图 3-6-25　指南针校准步骤 2 界面

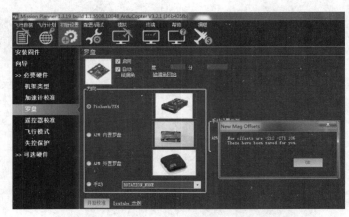

图 3-6-26　指南针校准完成界面

3）遥控器校准

遥控器进行校准时需要与接收机连接，具体连接请查看产品说明书中的 Pixhawk 连接安装图，连接好后连接 Pixhawk 的 USB 数据线（也可以通过无线数传进行连接）。完成这些操作后，就可以开始进行遥控器校准了。

步骤 1：打开遥控器发射端电源，运行 Mission Planner，在设置好波特率与端口后单击"连接"选项连接 Pixhawk，然后依次单击"初始设置"→"必要硬件"→"遥控校准"→"校准遥控"按钮，如图 3-6-27 所示。

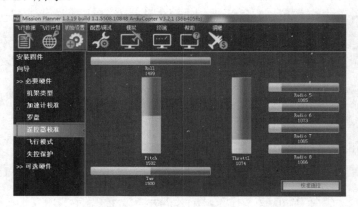

图 3-6-27　遥控器校准步骤 1

步骤 2：单击"校椎遥控"按钮后将弹出一个确认遥控器发射端已经打开的提示框，如图 3-6-28 所示。

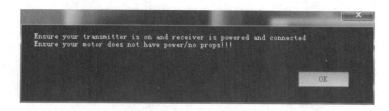

图 3-6-28 遥控器校准步骤 2

步骤 3：单击"OK"按钮，接收机即可完成通电连接，此时会弹出确认电动机没有通电的提示框，如图 3-6-29 所示。这一点非常重要，进行这一步操作时建议 Pixhawk 只连接 USB 和接收机两个设备。

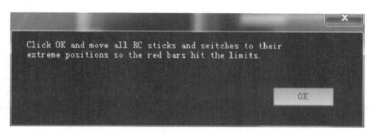

图 3-6-29 遥控器校准步骤 3

步骤 4：单击"OK"按钮，拨动遥控操纵杆，使每个通道的红色指示条移动到相应的上、下限处，如图 3-6-30 所示。

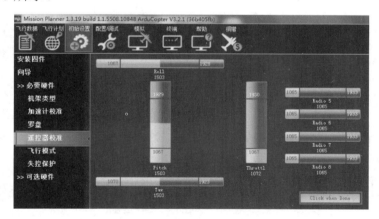

图 3-6-30 遥控器校准步骤 4

步骤 5：当每个通道的红色指示条移动到相应的上、下限处时，单击"Click when Done"按钮保存校准。遥控器校准完成界面如图 3-6-31 所示。如果拨动遥控操纵杆时界面上的指示条的位置没有变化，应检查接收机连接是否正确，以及每个通道是否对应。

4）油门行程校准

油门行程校准也可理解为电调校准，其目的是使油门行程和电调控制电动机的转速匹配。通常更换了电调、电动机，或者无人机遭受严重撞击后，都需要进行油门行程校准。

图 3-6-31　遥控器校准完成界面

校准步骤如下。

步骤 1：全部断电。

步骤 2：遥控器上电，油门保持最大；

步骤 3：飞控上电（在此之前请连接好电调、电动机，禁止装螺旋桨）；

步骤 4：飞控正常启动完成，电动机发出"嘀嘀"声；

步骤 5：飞控断电再上电，发出一声长且粗的响声；

步骤 6：按下安全开关按键，灯变成长亮，电动机发出"嘀嘀"声；

步骤 7：将油门操纵杆拉到最低，电动机发出"嘀嘀嘀—嘀"声；

油门行程校准完毕，此时可以推高油门操纵杆，验证电动机转速升高效果。

5）解锁启动

当完成遥控器校准、加速计校准、指南针校准和油门行程校准后，就可以开始解锁了，注意此时还在调试阶段，为降低危险性，不可安装螺旋桨，也不可接动力电池，只需通过连接 Mission Planner 或者查看 LED 来验证是否成功解锁即可。

解锁步骤如下。

步骤 1：解锁安全开关。安全开关解锁动作是先长按解锁开关，当听到"嘀—嘀—嘀—嘀"声后，表明安全开关已解锁。

步骤 2：检测遥控第三通道最低值和第四通道最右值，即油门操纵杆处于最低位置，方向最右，无论是左手油门遥控器还是右手油门遥控器，只要操纵油门操纵杆使油门最低，方向操纵杆最右（PWM 值最大），即可执行 Pixhawk 飞控解锁动作，如图 3-6-32 所示。

注意，并不是每次解锁都能一次成功，当听到"嘎嘎"声时，说明解锁失败，需要重新解锁。需要知道的是，Pixhawk 飞控只有处于 Stabilize、Acro、AltHold、Loiter 这几种飞行模式时才能解锁，如果不能解锁，应检查飞行模式是否正确，建议在 Stabilize 模式下解锁。

6）飞行模式选择

在实际飞行中，Pixhawk 的许多功能切换都是通过切换飞行模式实现的，Pixhawk 有多种飞行模式可供选择，但一般一次只能设置 6 种，加上 CH7、CH8 的辅助，最多有 8 种。因此，遥控器其中一个通道需要支持可切换 6 段 PWM 值输出，一般将第 5 通道作为模式切换控制通道，当第 5 通道输入的 PWM 值分别在 0～1230、1231～1360、1361～1490、1491～1620、1621～1749、1750 以上，这 6 个区间时，每个区间的值可以开启一个对应的飞行模式，推荐的 6 个 PWM 值是 1165、1295、1425、1555、1685、1815。如果遥控器具备上述功能，就可以直接配置 Pixhawk 飞行模式；如果不具备，也许只能配置 3 个，甚至 2 个飞行模式；如果第 5 通道是 3 段开关，则只能配置 3 个飞行模式。或者，尝试将第 5 通道开关改装成多段开关。

配置步骤如下。

步骤 1：配置飞行模式前同样需要将 Mission Planner 与 Pixhawk 连接，单击"初始设置"按钮。

步骤 2：选择"飞行模式"选项，进入飞行模式配置界面，如图 3-6-33 所示。

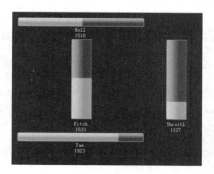

图 3-6-32　解锁完成

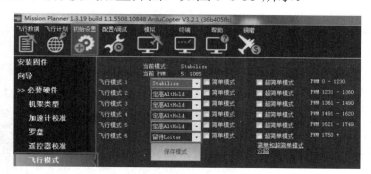

图 3-6-33　飞行模式配置界面

步骤 3：设置所需的飞行模式。

在飞行模式配置界面中，6 个飞行模式对应的 PWM 值、是否开启简单模式、是否开启超简单模式一目了然。设置相应模式只需单击相应下拉按钮，在下拉列表框中选择即可。出于安全考虑，一般建议将飞行模式 1 设置为 RTL（返航模式），其他 5 种模式可根据自己的习惯自行配置，但有一个原则，即要保证模式切换开关随时能切换到 Stabilize（自稳）模式。设置好 6 种模式后，单击"保存模式"按钮进行保存。

7）失控保护

失控保护是指无人机在失控时自动采取的保护措施，通过 Pixhawk 的失控保护菜单进行配置。触发 Pixhawk 失控保护的条件有两个：低电量和遥控信号丢失。

（1）低电量。

低电量失控保护需电流计实时监测电压，当无人机上的动力电池电压低于设定值时，启动低电量失控保护措施。如图 3-6-34 所示，失控保护措施选项有禁用、降落、RTL 返航等，达到触发条件，就可以启动失控保护措施选项了。

除了飞控自带的失控保护，还可以使用遥控器自带的失控保护功能。例如，设置遥控器接收机在失去遥控信号时，第 5 通道输出 PWM 值，使 Pixhawk 切换到返航模式或着陆模式，而油门通道保持失控前的值。

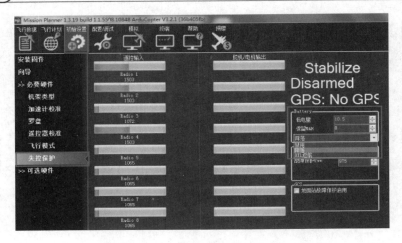

图 3-6-34　低电量失控保护

（2）遥控信号丢失（油门 PWM 过低）。

遥控信号丢失失控保护通过监测遥控油门 PWM 值是否低于设定值来判断遥控信号是否丢失，从而启动失控保护措施选项。如图 3-6-35 所示，当达到触发条件时，如遥控器电量过低无法正常工作或无人机飞行距离超出可控范围，就可以启动失控保护措施选项了。

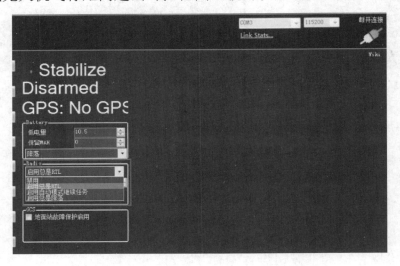

图 3-6-35　油门 PWM 过值低失控保护

8）命令行的使用

Mission Planner 控制站中的终端是一个类似 DOS 环境的串口调试工具，通过它可以测试传感器的原始输出数据流，也可以配置 Pixhawk 的其他功能。

下面以初始化 eeprom 的配置信息为例进行介绍。

步骤 1：将 Pixhawk 与计算机连接，打开 Mission Planner 选择端口和波特率，单击 TERMINAL（命令行终端）菜单，单击界面左上方的"连接"选项，如图 3-6-36 所示。

步骤 2：输入 setup，按"Enter"键。

步骤 3：继续输入 erase，按"Enter"键。

步骤 4：输入 Y，初始化完成。

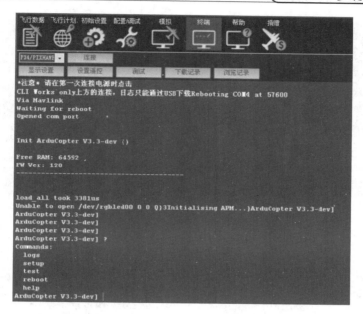

图 3-6-36　命令行终端

三、遥控器和接收机调试

以乐迪 AT-9 为例进行遥控器和接收机调试介绍。

1. 对码操作

对码操作步骤如下。

步骤 1：将遥控器和接收机放在一起，两者距离保持 1m 以内。

步骤 2：打开遥控器电源开关。AT-9 接收机将寻找与之最近的遥控器进行对码，这是 AT-9 接收机的特色之一。

步骤 3：按下接收机侧面的开关（ID SET）1s 以上，LED 闪烁，开始对码。

步骤 4：LED 停止闪烁，遥控器上有信号显示，操控遥控器无人机有相应反应，说明对码成功。

2. 遥控器模式设置

常见的遥控器类型有美国手和日本手，美国手遥控器油门在左边也叫作左手油门，日本手遥控器油门在右边也叫作右手油门，区别在于各通道所处位置不一样。虽然遥控器的左右手在出厂时就已决定，但在后期仍然可以进行更改。遥控器模式设置分为硬件部分和软件部分。

下面对如何将右手油门的乐迪 AT-9 遥控器改为左手油门进行介绍。

1）硬件部分

遥控器更换左右手在硬件部分的操作步骤如图 3-6-37 所示。

步骤 1：将复位杆及弹簧取下装在右边相应位置。

步骤 2：装上弹片，并按自己的操作习惯调整螺丝的松紧。

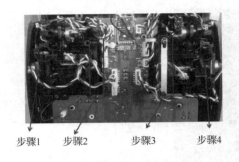

图 3-6-37　硬件部分操作

步骤1　步骤2　步骤3　步骤4

步骤 3：将弹片及螺丝取下。

步骤 4：装上复位杆及弹簧。

2）软件部分

在遥控器设置菜单下，操纵杆模式可通过滚轮选择进行选择。共有 4 种模式，分别为模式一、模式二、模式三和模式四，各种模式如图 3-6-38 所示，其中最典型的两个模式是模式二（美国手）和模式一（日本手）。

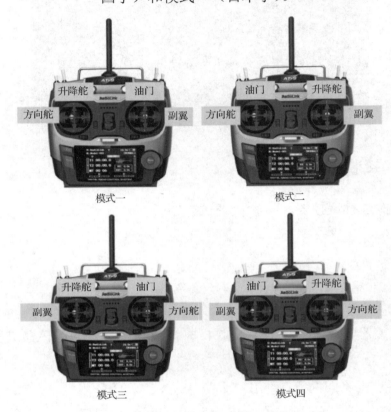

模式一　　　　　模式二

模式三　　　　　模式四

图 3-6-38　各种遥控模式

3. 通道配置

"通道"是遥控器的重要参数，常见的有 6 通道、7 通道、8 通道、9 通道和 12 通道等。通道数即遥控器的自由度，即通过遥控器能控制多少个部件（舵机、电调等）或者实现多少种功能（激活或调整某个参数）。遥控器通道越多价格越高。

乐迪 AT-9 遥控器有 9 个通道，但不是所有通道都用得上，上文介绍过无人机飞行只需 4 个通道就可完成，第 5 通道为飞行模式的切换通道，一般不能更改。这 4 个通道加上第 5 通道称为基本通道，剩下的通道称为辅助通道。假如想用遥控器控制两轴云台，就需要用到遥控器的两个辅助通道，这两个通道可以自己定义。

最基本的能操纵无人机飞行的通道只需要 4 个，分别是油门、升降舵、副翼、方向舵，其在多旋翼无人机中的功能如表 3-6-3 所示。

表 3-6-3　基本的 4 个通道在多旋翼无人机中的功能

最基本的 4 个通道	在多旋翼无人机中的功能
油门	控制无人机的上升动力
升降舵	控制无人机的前后直线运动
副翼	控制无人机的左右直线运动
方向舵	控制无人机的水平旋转运动

4．接收机模式选择

接收机模式其实是指接收机编码的模式，大多数遥控器能配对多种编码模式的接收机，有些接收机同时兼容两种编码模式。接收机的编码有多种类型，常用的有 PWM、PPM 和 S-BUS 等，如表 3-6-4 所示。

表 3-6-4　编码类型及说明

编码类型	说明
PWM 编码	脉宽调制
PPM 编码	脉冲位置调制
S-BUS 编码	串行通信协议

有些接收机兼容两种编码模式，如乐迪 R9D 兼容 PWM 编码和 S-BUS 编码，而且两种编码模式可以自由切换，其接口功能如图 3-6-39 所示。

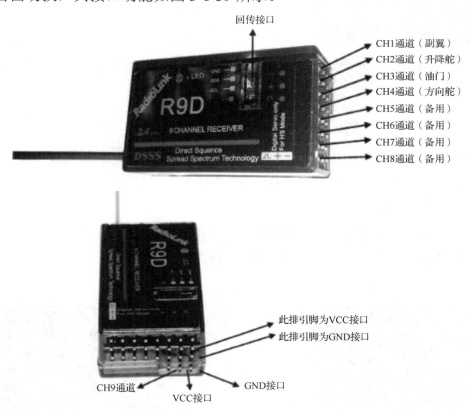

图 3-6-39　R9D 接收机接口功能

两种编码模式切换操作步骤如下。

短按接收机侧面的开关（ID SET）两次（1s 内），完成 CH9 普通 PWM 或 S-BUS 信号切换。其中，蓝色 LED 亮，表明 CH9 通道输出普通 PWM 信号；红色 LED 亮，表明 CH9 通道输出 S-BUS 信号。

5. 模型选择与机型选择

模型选择是指一个遥控器配对多个无人机的接收机，将每个接收机保存为一种模型。机型选择则是指选择每一种模式里面的机型，如固定翼无人机、无人直升机和多旋翼无人机等。

进入乐迪遥控器"基础菜单"界面，如图 3-6-40 所示，即可看到"模型选择"与"机型选择"选项。

1）模型选择

在"基础菜单"界面，转动拨盘至"模型选择"选项后按 PUSH 键进入"模型选择"界面。模型选择示意图如图 3-6-41 所示。

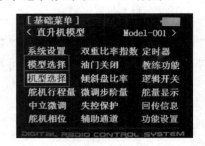

图 3-6-40　乐迪遥控器"基础菜单"界面

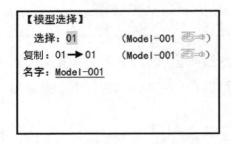

图 3-6-41　模型选择示意图

2）机型选择

在"基础菜单"界面，转动拨盘至"机型选择"选项，按 PUSH 键进入"机型选择"界面，转动拨盘，选择需要的机型。乐迪 AT-9 遥控器可以设置 6 种机型：直升机模型、固定翼模型、GLID（1A + 1F）、GLID（2A + 1F）、GLID（2A + 2F）、多旋翼模型。

选择多旋翼无人机的操作步骤如下。

步骤 1：将"机型"设置为"多旋翼模型"，如图 3-6-42 所示。

步骤 2：按 PUSH 键 1s 以上，出现如图 3-6-43 所示界面。

步骤 3：按 PUSH 键确认。

图 3-6-42　选择多旋翼无人机

图 3-6-43　确定改变界面

6．舵机行程量设置

舵机行程量是指在一定范围内调节舵机的动作角度。对于固定翼无人机，在改变连杆连接头不能达到正确的行程时，可通过调整"双向动作行程比例"来精确调整舵机两个方向的行程。舵机行程量示意图如图 3-6-44 所示。

7．中立微调设置

中立微调是对舵机的中立位置进行精细的调整。中立微调示意图如图 3-6-45 所示。

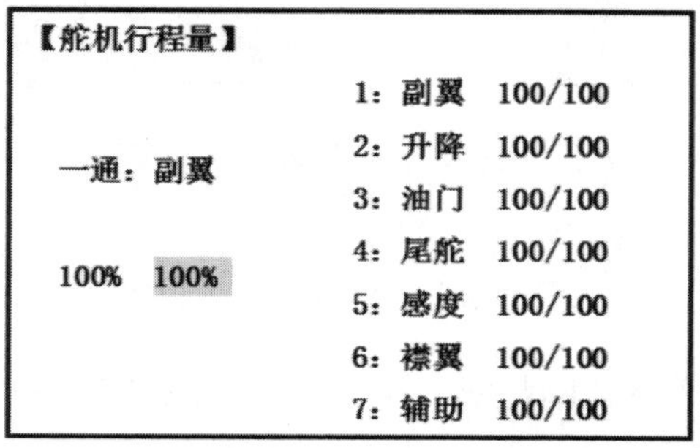

【舵机行程量】	
一通：副翼	1：副翼　100/100
	2：升降　100/100
	3：油门　100/100
100%　100%	4：尾舵　100/100
	5：感度　100/100
	6：襟翼　100/100
	7：辅助　100/100

图 3-6-44　舵机行程量示意图

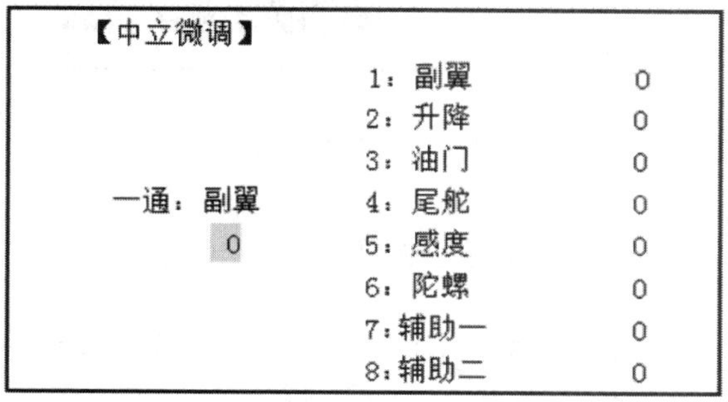

【中立微调】	
一通：副翼	1：副翼　0
	2：升降　0
	3：油门　0
	4：尾舵　0
0	5：感度　0
	6：陀螺　0
	7：辅助一　0
	8：辅助二　0

图 3-6-45　中立微调示意图

8．舵机相位设置

舵机相位功能用来改变舵机响应遥控器控制输入（控制杆或开关）的方向。设置反相位功能后，应检查模型上的所有控制是否以正确的方向运动，确定某个舵机没有反相，除非是自身需要设定舵机反相。舵机相位示意图如图 3-6-46 所示。

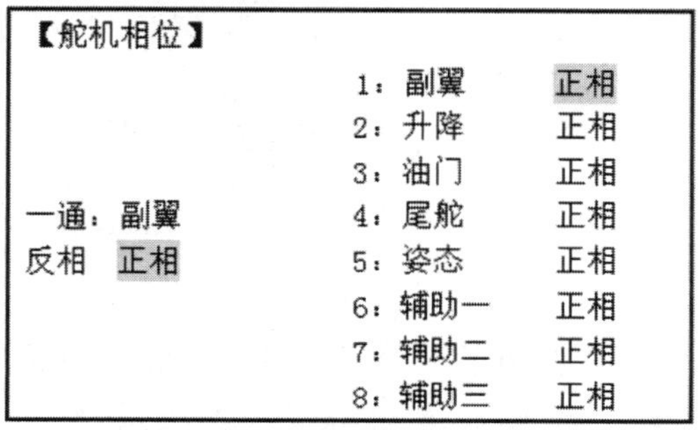

【舵机相位】	
	1：副翼　正相
	2：升降　正相
	3：油门　正相
一通：副翼	4：尾舵　正相
反相　正相	5：姿态　正相
	6：辅助一　正相
	7：辅助二　正相
	8：辅助三　正相

图 3-6-46　舵机相位示意图

9．舵量显示操作

通过舵量显示可以查看各类通道的工作状态，也可以分辨通道的正反相。当辅助通道被重新定义时，可通过舵量显示查看某个开关与通道的对应关系。舵量显示示意图如图 3-6-47 所示。

10．教练功能设置

教练功能是指两台遥控器通过数据线的连接，通过切换可控制同一台无人机。初学者在操纵无人机飞行的过程中遇到突发情况需紧急救援时，教练遥控器可切换主控权，对无人机进行操纵，从而进行救援。教练功能示意图如图 3-6-48 所示。

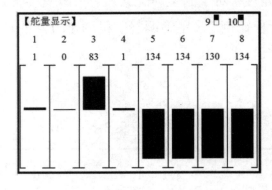

图 3-6-47　舵量显示示意图

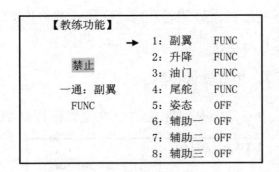

图 3-6-48　教练功能示意图

11. 可编程混控设置

遥控器的混控功能不仅能控制多通路，还可以设置多组混控，每个混控的参数均可修改，也称可编程混控。可编程混控示意图如图 3-6-49 所示。例如，用于三角翼无人机的控制，因为三角翼无人机的副翼和尾翼是共用的，它的副翼不仅控制无人机的转向动作，还控制无人机的升降动作。

```
[可编程混控]

-普通模式-        -曲线模式-
1:禁止          5:禁止
2:禁止          6:禁止
3:禁止          7:禁止
4:禁止          8:禁止
```

```
[可编程混控一]

比例  ←: 0%        混控:禁止
     →: 0%
偏置:    0%        微调:关闭
     (+ 9%)        连接:关闭
主控:一通          开关:SwC
被控:四通          位置:NULL
```

图 3-6-49　可编程混控示意图

四、动力系统调试

多旋翼无人机按动力类型分为电动多旋翼无人机和油动多旋翼无人机。其中，电动多旋翼无人机使用最为普遍，也是新手入门的首选类型，本任务采用的 F450 多旋翼无人机是一款电动多旋翼无人机，其动力系统包括电池、电调、电动机和螺旋桨，动力系统的调试主要针对电调进行。电调的品牌、型号非常多，各种电调的功能和调试方法稍有区别，本任务选择的是调参功能丰富的好盈 XRotor Micro 40A BLHdi_32 电调。

好盈 XRotor Micro 40A BLHeli_32 电调调试内容主要有：电调的接线及开机、油门行程校准、加速功率、温度保护、低转速功率保护、低压保护、电流保护、电动机转向、退磁补偿、电动机进角、最大加速、油门校准开启、最小油门、最大油门、中位油门、停转制动、LED指示灯控制、提示音强度、灯塔导航提示延时和 PWM 频率。

首次使用好盈 XRotor Micro 40A BLHeli_32 电调或更换遥控器后需要进行油门行程校准。

当电调驱动盘式电动机出现异常或者要求达到更高转速时，可尝试更改电动机进角参数（电调出厂默认为中进角）。

 **任务准备**

一、外围设备、工具的准备

　　为完成工作任务，每个工作小组需要向仓库工作人员提供借用工具清单（见表3-6-5）。

表 3-6-5　多旋翼无人机软件内部参数的调整借用工具清单

序号	名称	数量	借出时间	学生签名	归还时间	学生签名	管理员签名
1							
2							
3							
4							
5							
6							
7							

二、团队分配方案

　　还等什么？赶快制订出工作计划并实施它。

 **任务实施**

一、为了更好地完成任务，你可能需要回答以下资讯

　　1．比例控制是一种最简单的控制方式，控制器的输出与输入_____信号呈比例关系。当仅有比例控制时系统输出存在稳态误差。

　　2．在积分控制中，控制器的输出与输入_____信号的积分成正比。

　　3．在微分控制中，控制器的输出与输入_____信号的微分（误差的变化率）成正比。

　　4．飞控调试是指用调试软件对飞控进行调试。飞控作为无人机的核心部件，可按照其是否开源分为_____飞控和_____飞控。

　　5．简述多旋翼无人机飞控系统的调试步骤和方法。

　　6．简述多旋翼无人机遥控器和接收机的调试步骤和方法。

　　7．简述多旋翼无人机动力系统的调试步骤和方法。

二、工作任务实施

1．多旋翼无人机飞控系统的调试

（1）查阅资料，按照多旋翼无人机飞控系统的调试方法及步骤完成多旋翼无人机飞控系统的调试。

在进行多旋翼无人机飞控系统调试过程中遇到了哪些问题，是如何处理的，记录在表 3-6-6 中。

表 3-6-6　多旋翼无人机飞控系统调试情况记录表

所遇到的问题	解决方法

（2）结合软件调试过程中无人机飞控的 LED 亮灯情况，将代表亮灯含义的选项填入表 3-6-7 中。

  A．初始化中，请等待。

  B．出现错误，系统拒绝装备。

  C．尚未装备，正在搜寻 GPS。自动、盘旋和返回重新出发三种模式，需要锁定 GPS。

  D．尚未装备，需要进行 GPS 锁定。准备进行装备。

  E．已装备，GPS 处于锁定状态。准备飞行。

  F．触发 RC 安全保护。

  G．触发电池安全保护。

  H．GPS 故障或者触发 GPS 安全保护。

表 3-6-7　多旋翼无人机飞控指示灯的含义

LED 亮灯情况	示意图	含义
红色灯和蓝色灯闪	●●●●	
两次黄色灯闪	●●○○	
蓝色灯闪	○●○●	
绿色灯闪	○●○●	
固定的绿色灯常亮伴随单长音	●●●●	
黄色灯闪	○●○○	
黄色灯闪并伴随着快速重复响声	○●○● 🔊	
黄色灯和蓝色灯闪并伴随高—高—高—低音调	●●○● 🔊	

2．多旋翼无人机遥控器和接收机的调试

查阅资料，按照多旋翼无人机遥控器和接收机的调试方法及步骤完成多旋翼无人机遥控器和接收机的调试。

在进行多旋翼无人机遥控器和接收机调试过程中还遇到了哪些问题，是如何处理的，记录在表 3-6-8 中。

表 3-6-8 多旋翼无人机遥控器和接收机调试情况记录表

所遇到的问题	解决方法

3. 多旋翼无人机动力系统的调试

查阅资料，按照多旋翼无人机动力系统的调试方法及步骤完成多旋翼无人机动力系统的调试。

在进行多旋翼无人机动力系统调试过程中还遇到了哪些问题，是如何处理的，记录在表 3-6-9 中。

表 3-6-9 多旋翼无人机动力系统调试情况记录表

所遇到的问题	解决方法

完成了？仔细检查，客观评价，及时反馈。

一、成果展示

各小组派代表上台总结在完成任务的过程中学会了哪些技能，发现错误后是如何改正的，并展示成果。

二、学生自我评估与总结

_____。

三、小组评估与总结

_____。

四、教师评估与总结

_____。

五、各小组对工作环境的 6S 现场管理

在小组和教师都完成工作任务总结以后，各小组必须对自己的工作环境进行 6S 现场管理，即整理、整顿、清扫、清洁、安全、素养；归还所借的工具和实习工件。

六、评价表

多旋翼无人机软件内部参数的调整评价表如表3-6-10所示。

表 3-6-10　多旋翼无人机软件内部参数的调整评价表

班级：＿＿＿＿＿　小组：＿＿＿＿＿　姓名：＿＿＿＿＿		指导教师：＿＿＿＿＿＿＿＿　日期：＿＿＿＿＿＿＿＿					
评价项目	评价标准	评价依据	评价方式			权重	得分小计
			学生自评 20%	小组互评 30%	教师评价 50%		
职业素养	1. 遵守企业规章制度、劳动纪律 2. 按时按质完成工作任务 3. 积极主动承担工作任务，勤学好问 4. 人身安全与设备安全 5. 工作环境 6S 现场管理完成情况	1. 出勤 2. 工作态度 3. 劳动纪律 4. 团队协作精神				0.3	
专业能力	1. 能了解多旋翼无人机 PID 手动调参和自动调参的方法 2. 能掌握多旋翼无人机飞控系统的调试内容、方法及步骤 3. 能掌握多旋翼无人机遥控器和接收机的调试内容、方法及步骤 4. 能掌握多旋翼无人机动力系统的调试内容、方法及步骤 5. 会进行多旋翼无人机飞控系统的调试 6. 会进行多旋翼无人机遥控器和接收机的调试 7. 会进行多旋翼无人机动力系统的调试	1. 操作的准确性和规范性 2. 任务或项目技术总结完成情况 3. 专业技能任务完成情况				0.5	
创新能力	1. 在任务完成过程中能提出有一定见解的方案 2. 在教学或生产管理上提出具有创新性的建议	1. 方案的可行性及意义 2. 建议的可行性				0.2	
合计							

任务 7　多旋翼无人机硬件调试与首飞测试

 学习目标

知识目标：

1. 能熟悉多旋翼无人机无桨调试的要求及目的。

2. 能掌握多旋翼无人机无桨调试的方法及步骤。

3. 能掌握多旋翼无人机有桨调试的方法及步骤。

4. 能掌握多旋翼无人机首飞测试的内容及方法。

能力目标：
1. 会进行多旋翼无人机无桨调试。
2. 会进行多旋翼无人机有桨调试。
3. 会进行多旋翼无人机首飞测试。

 工作任务

完成多旋翼无人机的机架、飞控系统、动力系统和通信系统等硬件组装后，为了实现其良好飞行及功能要求，必须进行合理的调试。调试工作关系着无人机的飞行性能及安全。根据调试过程中是否需要安装螺旋桨，可将调试分为无桨调试和有桨调试。本任务的主要内容就是：通过学习掌握多旋翼无人机硬件调试与试飞方法，并能根据要求完成多旋翼无人机无桨调试和有桨调试，以及无人机的首飞测试。

 相关知识

一、无桨调试

由于无人机在运作时螺旋桨转速很高，为了避免带桨调试带来的危害，需要先进行无桨调试。无桨调试是指无人机不带螺旋桨进行调试。这种调试方式虽然不能排除所有问题，但是解决绝大部分问题。

1. 无桨调试的原因

原理上，多旋翼无人机的起飞是靠螺旋桨快速旋转推动空气快速流动，从而获得升力的。而要让多旋翼无人机获得足够的升力，螺旋桨需要有很高的转速，不小心就会将桨打坏或伤害到驾驶员。例如，将一款标有 2204KV2400 的直流无刷电动机接在 12V 电源上，此时电动机的空载转速为 $2400 \times 12 = 28800(\text{r/min})$。如果装上螺旋桨，那么桨叶边缘的线速度将更高，所以非常危险。因此，为了降低在调试时产生的危险，应先将不需要装螺旋桨就能调试的内容调试完，再进行必须安装螺旋桨才能完成的调试内容，以免出现不可挽回的后果。

2. 无桨调试的要求及目的

无桨调试是为了让无人机在首飞测试时可以安全起飞，为以后飞行做好调试基础。无桨调试的要求和目的如表 3-7-1 所示。

表 3-7-1 无桨调试的要求和目的

要求	目的
连接所有线路，接通电源（连接电池），进行首次通电测试。检查飞控、电调和电动机是否可以正常通电	确认飞控、电调和电动机可以正常通电不会出现短路现象

续表

要求	目的
连接遥控器，进行相关调节	连接好遥控器和接收机，确认遥控器各个通道都可以控制无人机
推动遥控器油门通道，检查电动机的转动方向，保证电动机旋转方向正确	确保电动机转动方式正确，并确保油门最低时电动机不会转动，同时确保推动油门达到四分之一处时电动机开始转动

3. 调试过程

1）连接线路

多旋翼无人机组装完成后（包括完成接线），连接上遥控器、接收机，接通电源，匹配遥控器，完成调试准备工作。

（1）电调连接。

在使用 KK 飞控时，需要注意其供电方式是电调供电，不需要提供额外的电源。电调可以通过信号线给 KK 飞控供电，无须担心供电不足。无人机为了减轻质量只提供有限的电池，所以四个电调的电源输入线需要采用并联的形式进行焊接，如图 3-7-1 所示，因此每个电调的电源输入端可以接收到相同的电压。

（2）电调与电动机的连接。

电调与电动机的连接不需要考虑太多。连接电调时不能使电调交叉连接，也不能舍近求远让相距较远的电调和电动机相连。因为已经对电调和电动机焊接了香蕉头，所以连接电调和电动机比较方便。电调与电动机的连接如图 3-7-2 所示。

图 3-7-1　电调连接

图 3-7-2　电调与电动机的连接

（3）信号线连接。

在连接信号线和电调时需要注意线序，必须按照标准的线序连接。电调连接线序表如表 3-7-2 所示。

表 3-7-2　电调连接线序表

飞控 ESC 接头名称	电调信号线颜色	接线的意义
GND	黑色	接地线
+	红色	正极线
S	白色	信号线

除了线序还要区分电调的顺序。KK飞控上连接电调的引脚一共6组，分别对应不同的电调。这个顺序是由烧录的程序（或飞行模式）和电调所连接的电动机决定的。所以在连接信号线之前需要确认电调连接的电动机，然后将电调信号线与对应的飞控上的电调引脚连接。

无人机电调连接飞控的示意图如图3-7-3所示。其中，与"电动机1"相连的电调需要和飞控上标为M1的引脚按照表3-7-2的线序相连。其他电动机的连接方式与此相同。

（4）接收机接线。

飞控与接收机连接才可以通过遥控器进行控制。注意不需要为接收机提供额外电源，其电源由飞控提供，只要飞控通电，接收机即可通电。接收机连接线序表如表3-7-3所示。

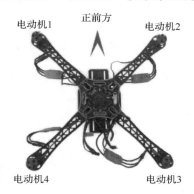

图3-7-3　无人机电调连接飞控的示意图

表3-7-3　接收机连接线序表

通道名称	端口名称	接收机线头颜色
AIL	GND	黑色（另一端接接收机的GND）
	+	红色（另一端接接收机的+）
	S	白色（另一端接接收机AIL的S）
ELE	GND	—
	+	—
	S	白色（另一端接接收机ELE的S）
THR	GND	—
	+	—
	S	白色（另一端接接收机THR的S）
RUD	GND	—
	+	—
	S	白色（另一端接接收机RUD的S）

表3-7-3中的"—"表示不需要接线，因为接收机只需要有一个通道连接上GND和+端口的线即可。如果缺少白色线可以用其他颜色的线代替。接完线后需要检查连接是否正确。具体的连接方式如下所述。

①　检查接收机的通道。本书使用的接收机是6通道的，其对应方式如表3-7-4所示。KK飞控只用到了前4个通道。

表 3-7-4　接收机通道对应方式

通道	通道名称
1	AIL（副翼）
2	ELE（升降）
3	THR（油门）
4	RUD（方向舵）
5	GYR（起落架）
6	PIT（襟翼-螺距）

② 确认接收机的电源输入。从表 3-7-3 中可以看出电源线应该与 AIL 通道（也就是接收机的 1 通道）连接，如图 3-7-4 所示。

③ 连接其他通道的信号线。由于不需要多余电源线连接接收机，所以不再连接电源线。要按照表 3-7-3 中的对应关系连接，其效果如图 3-7-5 所示。

图 3-7-4　接收机 AIL 通道和电源线连接　　　　图 3-7-5　接收机其他通道的连接

再次提醒，此时仍然不要将电调连接至电源！

2）检查遥控器

遥控器是控制无人机飞行的器件，选择好的遥控器有利于对无人机进行操纵。对于遥控器主要检查的内容是通电后是否可以发出信号。本书用到的遥控器是 WFT06X-A，其背部有电池槽可以安放电池，正面有开关，在使用的时候打开开关，在不使用的时候关闭开关，如图 3-7-6 所示。

3）匹配接收机

在经过了前面两个步骤后，接下来就可以进行接通电源的操作了。需要注意的是，在每次接通电源时，都需要检查电调与电动机的连接、电调与飞控的连接，以及飞控与接收机的连接。检查这些线路之间是否有短路或者线头松动等现象，以免发生意外。

下面开始接通电源。黑色的电源线代表 GND（接地）、红色的电源线代表+（正极或高电压）。在将电源与电调连接时要注意：黑色线与黑色线连接，红色线与红色线连接。电源头与电调头如图 3-7-7 所示。电源与电调的连接如图 3-7-8 所示。

不同产品的遥控器与接收机的匹配操作不同，本书以天地飞的遥控器与接收机的匹配为例来进行介绍。

 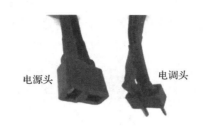 

图 3-7-6　WFT06X-A　　　　图 3-7-7　电源头与电调头　　　　图 3-7-8　电源与电调的连接

（1）在接通电源以后按住接收机（型号为 WFR06S 2.4GHz）上的 SET 键，直至指示灯 STATUS 进入慢闪状态，如图 3-7-9 所示。

（2）按住遥控器上的 SET 键开机（按住 SET 键不松手，将电源开关拨到开机处）然后松开 SET 键，如图 3-7-10 所示。

（3）再次按下 SET 键，进入对码状态。这时，遥控器上的指示灯 SEATUS 常亮。

（4）长按 SET 键，至指示灯 SEATUS 进入慢闪状态。

（5）等待对码成功，对码成功时遥控器绿色指示灯常亮，接收机指示灯熄灭。在对码成功后，切断无人机和遥控器的电源。

 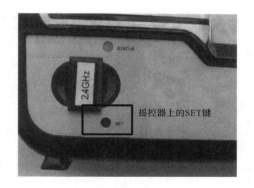

图 3-7-9　接收机上的 SET 键　　　　　　图 3-7-10　遥控器上的 SET 键

值得注意的是，不同的型号的遥控器的设置方法不同，需要大家查看其说明书进行对码操作。完成对码后还需要进行失控设置，这里不再赘述。需要提醒的是，每次在操纵无人机飞行前，都要认真检查每个电动机工作是否正常，是否存在强干扰。

4）检查电动机

遥控器和接收机对码成功后需要检查电动机的转动方向。螺旋桨转动不仅仅会产生升力，还会产生扭矩使机身旋转。为了抵消产生的扭矩需要对螺旋桨的转动方向进行严格的规定。

图 3-7-11 为电动机的转动方向，这样的设置就固定了每个电动机上需要安装什么样的螺旋桨。在测试电动机转动方向时需要用到遥控器，具体步骤如下。

（1）遥控器和接收机对码成功后接通无人机电源，再打开遥控器电源（切记不可推动遥控器操纵杆），等待遥控器与接收机连接。

（2）在遥控器与接收机连接成功后，开始解锁飞控。飞控解锁后，推动油门操纵杆即可使电动机转动。此时，禁止任何物品接触电动机。解锁飞控的方式如图 3-7-12 和图 3-7-13 所示。飞控解锁后，飞控上的灯会常亮；未解锁的飞控，灯不会常亮。

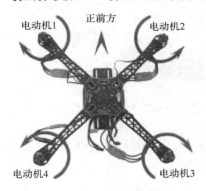
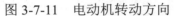

图 3-7-11　电动机转动方向

图 3-7-12　日本手解锁方式

图 3-7-13　美国手解锁方式

【操作提示】

　　如果按照正常步骤无法解锁飞控，可能需要向下微调油门微调旋钮，如图 3-7-14 所示；其原因有可能是方向操纵杆设置反向，这时就需要调整遥控器通道方式；其原因还可能是其他情况，需要进行检查，并进行相应的处理。

（3）检验电动机旋转方向。推动油门操纵杆（推动油门操纵杆前要确认电动机固定稳固，并未安装桨片），推到一定程度后，电动机会开始转动。油门操纵杆推得越多，电动机转速越高（切勿用手直接碰触转动的电动机）。

图 3-7-14　油门微调旋钮

　　判断电动机的旋转方向共有两种方式：一种方式是反复推动油门操纵杆，使电动机反复停止转动和开始转动（有经验的人可以这样操作）；另一种方式是准备一个纸条（宽 1～2cm、长 5～8cm），拿住纸条的一端（手指要远离另一端），使纸条另一端（不是手握的一端）接触转动的电动机，通过查看纸条弯曲的方向来判断电动机转动的方向，如图 3-7-15 所示。建议没有经验的操作者使用第二种方式。

（a）俯视图

（b）侧视图

图 3-7-15　测试电动机转动方向

按照图 3-7-11 所示的电动机转动方向设置电动机。如果电动机转动方向不正确，那么切断电源然，交换电动机的任意两根线即可，如图 3-7-16 和图 3-7-17 所示。最好在无人机每次起飞前都检查一次电动机转动方向。在调整完毕以后，需要将飞控再次锁定，锁定方式如图 3-7-18 所示。

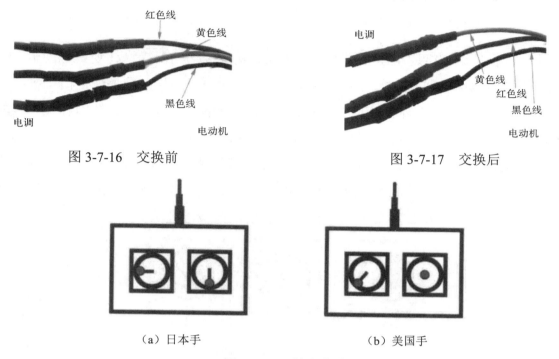

图 3-7-16　交换前　　　　　　　　　图 3-7-17　交换后

（a）日本手　　　　　　　　　（b）美国手

图 3-7-18　锁定方式

5）调试后的检查工作

为保证无人机飞行的安全，还需要做好调试后的检查工作，具体如下。

（1）接通电源，检查电动机是否可以正常通电（需要注意，接通电源时必须保证电动机与电调相连，否则无法听到响声）。在接通电源以后，在试验机上电动机会轻微转动两下，并伴随"嘀嘀嘀"声音。此时如果存在没有接通电源的电动机，则该电动机不会转动或发声。当出现这种情况时，需要检查电路连接是否正常，电调是否损坏，电动机是否损坏。

（2）遥控器中点校准。这是一项必须完成的操作，若无法解锁飞控可以先进行中点校准。在飞控断开电源的情况下（必须断开电源），将飞控上 PITCH 电位计逆时针旋转到底（仅限于本任务中使用的飞控，其他飞控可能不同）。打开遥控器开关，将遥控器上的微调全部调至中间，操纵杆也调至中间。接通飞控电源，KK 飞控上的 LED 会先闪烁几下，再等待两秒左右会再闪烁一下（闪烁一下表示调节完成）。将飞控断电，将 PITCH 电位计调回原来位置（默认是中间的位置）。PITCH 电位计位置及调节图如图 3-7-19 和图 3-7-20 所示。

（3）解锁飞控。出于安全考虑，在进行 KK 飞控解锁操作时需要将油门微调旋钮向下拨动一些（不能太多）。在无法解锁 KK 飞控时可以尝试将油门微调旋钮向下拨动一些，再进行解锁操作。

ROLL　　　　　PITCH　　　　　YAW

图 3-7-19　PITCH 电位计位置　　　　　　图 3-7-20　PITCH 电位计调节图

（4）油门行程校准。接通电源，解锁 KK 飞控。轻轻推动油门操纵杆观察电动机，检查四个电动机是否同时启动。需要注意此时不能推动其他操纵杆，并且必须保证油门操纵杆不会左右偏斜。如果四个电动机没有同时启动，那么就需要进行油门行程校准。油门行程校准的方式是：断开电源，将 YAW 电位计逆时针旋转到最低位置，如图 3-7-21 所示。将遥控器的油操纵杆门推到最高位置（遥控器不得断电），此时，飞控重新连接电源，KK 飞控的 LED 将快速闪烁数下后熄灭；大约等待两秒，就会听到电动机发出"嘀嘀"声，随即快速把油门操纵杆拉到最低位置，电调发出几声短音后发出一声长音，表示油门校准完成。

ROLL　　　　　PITCH　　　　　YAW

图 3-7-21　YAW 电位计调节图

综上所述，无桨调试的步骤和检查工作可归纳如下。

① 连接线路：组装完成所有线路，避免短路。

② 检查遥控器：检查电池安装是否正常，打开开关，观察指示灯状态，对照说明书确认状态是否正常。

③ 匹配接收机：按照遥控器和接收机的说明书进行匹配，完成后断开电源。

④ 检查电动机：接通电调电源，随后无人机的电动机会有轻微的转动并发出"嘀嘀"声，观察电动机是否转动，若电动机转动，则电动机为正常通电直接进入下一步。如果存在没有转动的电动机，则需要检查电路连接（必需切断电源后再检查）。

⑤ 遥控器中点校准：将 PITCH 电位计逆时针旋转到最低位置，使遥控器上的旋钮微调旋钮全部回中，打开遥控器电源，接通 KK 飞控电源，KK 飞控上的 LED 会闪烁数下，等待两秒，又闪动一下。KK 飞控断电，将 PITCH 电位计调回默认位置。

⑥ 校准油门行程。将 YAW 电位计逆时针旋转到底，遥控器油门操纵杆推到最高位置（遥控器不能断电）。接通 KK 飞控电源，在 LED 快速闪烁几下后等待电动机发出"嘀嘀"声，快速把油门操纵杆拉到最低位置，电调发出数声短音后发出一声长音，完成校准。此时，推动油门操纵杆，四个电动机会同时启动。断开飞控电源和遥控器电源，并将 YAW 电位计调回默认位置。

⑦ 检查并修改电动机转动方向。将遥控器油门微调旋钮向下拨动一些（不宜拨动过多，否则电动机无法提供足够动力）。接通飞控电源，打开遥控器开关等待遥控器与接收机连接。遥控器与接收机连接成功后，使用前面提供的解锁方式解锁飞控，并将油门操纵杆置于最低位置。缓慢推动油门操纵杆，电动机将慢慢开始转动，然后检查电动机转动是否正常，调整电动机转动方向。

4．无桨调试的检查内容和注意事项

无桨调试的操作步骤不算复杂，也不算多，但是有一些问题需要注意。这些问题很重要，在操作过程中不可忽略。做到了这些要求，可以更好地避免重复性的检查和修改。

1）安装完成后的检查内容

安装完成后的检查内容如下。

（1）电池。电池在整个设备中属于比较危险的器件，在使用一段时间后，应检查电池是否有鼓包或其他异样。若存在异样，则需要更换电池，并妥善处理损坏的电池。

（2）电路。检查电路的接口是否有过于发烫的地方，或者焊接松动的地方，如果有，则需要重新焊接或检查线路是否短路。

（3）电调。因为无人机还没有起飞，所以电调的问题一般不会显现出来，但是需要确认电调与电动机是否匹配。

（4）电动机。除上一项中说到的匹配问题外，在经过电动机检查后，需要查看电动机是否过于发烫，如果过于发烫，则需要更换新的电动机。

上述四项检查内容是为无人机第一次飞行做好充足准备。在无人机每次飞行完成后，进行这些检查也可以为下一次的飞行做好准备。

2）调试过程注意事项

无桨调试过程中的注意事项如下。

（1）连接线路：在此过程中需要注意线路不能打结否则容易折断电线，不能连接电源，操作者的手或其他身体部位不能同时接触电源的两极，连接电调和电动机时 3 对线头的连接，以及电动机和电调连接以后需要查看有热缩管的部分是否完全包裹了香蕉头。

（2）检查遥控器：遥控器一般都设计有电池槽，但是遥控器用电量太大而且使用的充电电池会比较贵，因此有人使用电压值相同的航模锂电池，此时需要注意在接线时需要找准正负极。正负极若接反了就会烧坏遥控器。另外，还需要注意电池电量，每次用完遥控器时需要估计电量，或用其他工具测量电量。

（3）电动机通电检查：需要注意观察和听电动机的声音，不能错过任何一个细节，可以通过多次接通和断开电源来逐个检查电动机一个电动机检查。

（4）匹配接收机：本任务介绍了天地飞的一款遥控器的匹配方式，需要注意，不同的遥控器，其匹配方式有所不同，需要查阅遥控器说明书来进行匹配。

（5）遥控器中点校准：此项操作是为了让飞控明确遥控器的所有中点的参数，以便以后调整时更加准确方便。进行遥控器中点校准时应当注意，PITCH 的调整在飞控断电时才可以进行，否则操作无效。不同飞控的调整方式可能大不相同，需要查阅相关资料。

（6）油门行程校准：油门行程的校准，是必不可少的一步。如果无人机在启动时四个电动机不是同时开始转动的，那么就需要进行油门行程校准。必须在断电情况下调节 YAW 电位计。除了电位计的使用，还需要注意在下拉油门操纵杆时速度一定要快，不能缓慢地拉动，而且一定要拉到底。

（7）检查并修改电动机转动方向：由于电动机转动的速度过快，肉眼无法辨别，所以需要采用一定的技巧来判断电动机转动的方向。例如，通过反复多次推动油门操纵杆，来观察电动机启动瞬间和停止前的转动方向。

二、有桨调试

1．有桨调试注意事项

有桨调试是指对安装完成的无人机（螺旋桨也完成安装）进行的一系列的安全检查和调试。由于此时已经安装上了螺旋桨，所以在启动无人机时必须注意安全，不能伤害到附近的人员。非操作人员应远离无人机（确保人员距离无人机 2m 以上），以保证大部分人员安全。除了安全问题，还需要注意以下两点。

（1）有桨调试是无人机在装上桨片以后进行的测试，在安装桨片时应需要注意飞控和电调必须断电；安装桨片时注意区分正桨、反桨，其对应不同的电动机安装；桨片安装完成后要检查安装是否牢固。

（2）桨片安装完成后开始正式调试工作。对于这一过程新手要不断地练习，以积累调试经验。因为在调试过程中需要使桨片转动，必要时需要让无人机起飞一定高度。

2．有桨调试前的检查

在进行有桨调试前需要注意以下几点。

（1）确认油门行程已经校准。

（2）检查螺旋桨是否已经固定牢固。由于电动机在转动时速度很快，桨片固定不牢固很容易使得桨片脱离电动机伤到周边的人，所以务必认真检查。

（3）确认桨片完好无损，出现裂纹的桨片尽量不要使用。由于电动机转速较高，任何裂纹都有可能造成螺旋桨的断裂，从而伤到周边的人。

（4）确认电动机旋转方向与桨片匹配。此项检查是为了保证螺旋桨在转起来时为无人机提供的是方向向上的力，而不是方向向下的力，检查方式如图 3-7-22 至图 3-7-24 所示。

（5）确认遥控器电量充足。只要保证电池足以使调试完成即可。

进行有桨调试前检查上述项目，可以在一定程度上保证调试过程中操作人员和无人机的安全但不能保证完全安全。所以在检查时还要注意其他情况，如短路、接口接触不良等。注意的细节越多，越能保证飞行的安全。所以，驾驶员需要尽可能多地注意不正常情况，以免发生危险。

图 3-7-22　正桨辨别

图 3-7-23　反桨辨别

俯瞰 逆时针旋转装正桨　　俯瞰 顺时针旋转装反桨

图 3-7-24　电动机转动方向与对应桨片

3．调试过程

需要注意，加上桨叶的无人机在启动后很容易伤人。必须按照一定的步骤来进行调试。调试步骤如下。

（1）进行遥控器校准。遥控器校准最主要的是中点校准和油门行程校准。这些内容在无桨调试中已做了介绍，不再赘述。

（2）安装螺旋桨。不同的电动机和桨片的安装方式可能会有所不同，本部分只介绍笔者使用的电动机和桨片的安装方式，具体如下：

① 选择要安装的桨片。在飞行时电动机带动桨片转动，桨片与空气相互作用使无人机受到向上的作用力，从而起飞。由于电动机的转动方向不同，如果装错了桨片会使得无人机获得向下的作用力。这时无人机不但不能起飞，还可能损坏，甚至使周边的人受伤。桨片与相应电动机的选择方式如图 3-7-22 至图 3-7-24 所示。

② 固定桨片。桨片的固定方式与电动机和桨片种类有关，本书中只介绍一种。安装时注意将桨片固定牢固，但不能损坏桨片，安装方式如图 3-7-25 和图 3-7-26 所示。

图 3-7-25　螺旋桨安装分解图

图 3-7-26　螺旋桨安装

（3）捆绑限制无人机的飞行。第一次调试飞行，无人机可能由于不知名的原因到处乱飞，所以在测试飞行时需要固定好无人机。这里所说的固定并不是说不能让无人机起飞，而是指用绳子拉住无人机限定其飞行范围，如图 3-7-27 所示。

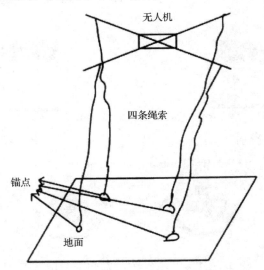

图 3-7-27　限制无人机的飞行

（4）测试飞行。多旋翼无人机测试飞行的操作步骤如下。

① 接通电源，连接遥控器。在确认一切正常后，就可以接通电源，然后打开遥控器开关，等待遥控器与接收机连接。

② 解锁飞控。接通电源，连接遥控器后需要让无人机附近的其他人员远离，确保附近有一定的空间供无人机飞行，然后开始解锁飞控。美国手解锁方式如图 3-7-28 所示，日本手解锁方式如图 3-7-29 所示。解锁后注意油门操纵杆要处于最低位置，如图 3-7-30 所示。

图 3-7-28　美国手解锁方式　　　　　　　图 3-7-29　日本手解锁方式

③ 推动油门操纵杆，开始起飞。缓慢推动油门操纵杆，不要移动其他操纵杆，油门操纵杆推动方向如图 3-7-30 所示。在无人机起飞时，注意无人机起飞的姿势，如果出现较大偏斜马上拉下油门操纵杆，并且锁定飞控，断开电源，然后检查问题所在，排除问题后，重新开始测试。

④ 检查方向控制。完成油门控制检查后，即可开始检验遥控器在其他通道的使用。来回轻微地移动操纵杆检查无人机是否可以按照指令完成相应的飞行，若不能，则需要缓慢拉下油门操纵杆让无人机平稳着陆，锁定飞控，断开电源，然后排除遇到的问题。最后需要注意，这一步需要反复试验多次，尽可能多地发现问题并解决问题。

图 3-7-30　油门操纵杆推动方向

三、首飞测试

1. 首飞测试的操作方法及步骤

调试完成后首飞测试的操作方法及步骤如下。

1）选择场地

无人机的飞行需要一个较为安全的环境，为了保证无人机的安全和人员安全，在进行首飞测试时需要选择一个开阔、人流量少且无积水的场地（尤其对于新手）。选择场地后，无人机飞行时的天气条件也很重要。首先，因为无人机没有任何防水措施，所以必须在不下雨和不下雪的天气下飞行。其次，不能有较大的风，如果风过于大，那么将会增加飞行难度，对驾驶员来说无疑是一项巨大的挑战。如果选择离家较远的地方，则需要考虑电池电量是否充足。一块电池可供无人机飞行的时间为 10~20min，如果是高容量电池那么其飞行时间会更长，但不会太长。

2）首飞测试前的检查

首飞测试前检查的内容包括：机架螺丝是否固定牢固；电动机是否完好并且固定牢固；电调是否完好；飞控是否经固定牢固；电池电量是否充足并确认电池是否鼓包或有其他异常（如有异常，尽量不要使用）；线路是否固定牢固，并且确保没有短接情况。

3）接通电源

检查无误以后，就可以接通电源。注意不要让自己触电，如不要用沾水的手去连接电源。

4）解锁飞控

接通电源，经过几秒钟的等待遥控器就会与接收机连接成功，飞控也会启动控制系统。如果接收机没有连接上遥控器请重新设置它们的连接（注意区分美国手和日本手）。注意解锁飞控后要保持油门操纵杆处于最低位置。

5）起飞

首飞测试一般是伴随着断桨、炸机等事故结束的。所以，建议在进行首飞测试时携带调试说明书（可以根据本书内容自行整理）、备用的正反桨 1~3 对、备用电动机和备用电调各 1~2 个。情况允许时可以携带包含烧录程序的笔记本电脑及烧录线。起飞操作：慢慢推动油门操纵杆，在无人机快要离开地面时，控制其飞行姿态，使其平稳起飞。之后，稍微调整油门微调旋钮使无人机平稳的飞行在某个高度。

6）飞行过程

在起飞后，通过操纵杆控制无人机做一些简单的动作，检查无人机接收遥控器的指令后是否能做出正确反应。新手在操作时无人机的飞行方式可能会不稳，不用担心只要勤加练习就会飞得越来越好。

7）降落并锁定飞控

在飞行过程结束后，需要让无人机平稳降落，其操作为：缓慢地拉下油门操纵杆，使无人机保持平稳飞行；待无人机开始降落时停止下拉油门操纵杆，使无人机保持慢慢下落的趋势即可，待无人机接近地面时（距离地面 15～20cm 时）让无人机在当前高度保持 1s 左右，再让无人机缓慢降落并在距离地面 5cm 左右时继续拉下油门操纵杆直至无人机着陆；随后将油门操纵杆拉到最低，注意此时不要随意接近无人机，应先锁定飞控。KK 飞控的锁定方式如图 3-7-31 所示。锁定飞控并断开电源后就可以接近无人机了（在锁定飞控后推动油门操纵杆是不会使无人机电动机转动的）。

（a）美国手 　　　　　　　　　　　　　　（b）日本手

图 3-7-31　KK 飞控的锁定方式

8）检查无人机

检查无人机的磨损度，查看电线是否有破损，检查各接口处是否有破损。如有较大破损应及时更换以免影响下一次飞行。

9）整理无人机

完成检查后，应整理无人机，将无人机相关物品收拾进收纳盒。

2. 首飞测试的内容

首飞测试主要指在无人机起飞后的一段过程中进行的相关测试。首飞测试内容包括油门测试、偏航测试、俯仰测试和滚转测试。这几项测试分别对应遥控器上操纵杆的四个通道。具体测试内容如下。

1）油门测试

油门直接控制四个螺旋桨的转速，转速越高提供的上升的力就越大。因为无人机飞行时质量不变，所以在飞行过程中只需提供与重力等大的反向力（也就是上升力）即可保持无人机的高度（在此忽略了风对无人机的影响）。当需要提高飞行高度时可以推动遥控器的油门操纵杆，使无人机螺旋桨的转速提高，此时无人机就会升高。

如果想要无人机高度下降，只需要下拉油门操纵杆，这时无人机所有螺旋桨的转速将降低。油门操纵杆推拉方式如图 3-7-32 所示，注意区分美国手与日本手的操作方式。

2）偏航测试

偏航也称偏离航向，一般来说机头的朝向发生改变时，无人机的航行方向将发生改变。多旋翼无人机改变航行方向的方式不是使用舵机，而是通过改变螺旋桨的转速来完成偏航操作。螺旋桨在旋转时，固定该螺旋桨的机架会受到一个力，这个力带动机身跟随螺旋桨一起转动。无人直升机为了抵消这种力添加了尾桨，而多旋翼无人机就是利用这种力完成偏航操作的。

在进行偏航测试时，偏航操作是由油门操纵杆的左右方向的操作决定的。在测试偏航时需要左右摆动油门操纵杆，配合其他操纵杆以保持无人机稳定。需要注意的是，如果没有推动操纵杆使无人机前行，那么左右摆动油门操纵杆将会使无人机原地旋转。在无人机前行状态下左右摆动油门操纵杆无人机将会出现转弯的效果。可以借此来判断通道选择和电调顺序是否正确。偏航操作方式如图 3-7-33 所示。

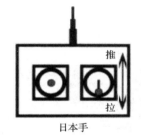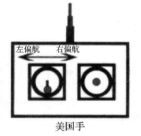

图 3-7-32　油门操纵杆推拉方式　　　　图 3-7-33　偏航操作方式

3）俯仰测试

俯仰是指无人机前行和后退（在固定翼无人机中主要是爬升和下降），机头俯下就会前行，机头仰起就会后退（在无人直升机里中效果一样）。多旋翼无人机是通过控制螺旋桨的旋转速度实现这种效果的。如果想要机头仰起，则需要降低尾部螺旋桨的转速，增加机头螺旋桨的速度，但同时应该保证对角线上的两对螺旋桨的速度比相同。这样就保证了机头仰起而且不会出现偏航。俯冲操作类似。遥控器的俯仰操作方式如图 3-7-34 所示。

在进行俯仰测试操作时，需要用到遥控器右侧的操纵杆（美国手的遥控器在右侧，而日本手的遥控器在左侧）。向前推动操纵杆即俯冲，向后拉动操纵杆即仰起。也就是说向前推动操纵杆，无人机向前飞，向后拉动操纵杆，无人机后退。反复进行几次试验，若有异常需进行调整后再次测试。直到完成测试内容。

4）滚转测试

滚转操作原理与俯仰操作原理类似，只是其运动方向有所改变。多旋翼无人机通过控制一侧的螺旋桨（左移时为左侧，右移时为右侧）的转速下降，另一侧螺旋桨的转速升高，完成滚转操作。理论上在执行该操作时机头朝向不会改变，但是实际情况会有所不同。所以在执行滚转操作时，需要不停地调整机头方向确保无人机机头方向不变。

在进行滚转测试操作时，进行滚转操作的操纵杆是右侧操纵杆（这里指的是美国手，日本手在左侧）具体操作方式如图 3-7-35 所示。进行滚转测试时操纵杆的操作方式与进行俯仰测试时操纵杆的操作方式类似，但是应当注意操纵杆操作的幅度不宜过大，每个操作的时间也不宜过长，以防无人机移动距离较大，移动出活动范围。

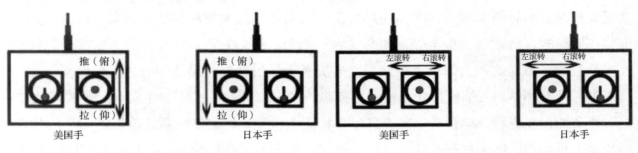

图 3-7-34　遥控器的俯仰操作方式　　　　　图 3-7-35　滚转操作方式

一、外围设备、工具的准备

为完成工作任务，每个工作小组需要向仓库工作人员提供借用工具清单（见表 3-7-5）。

表 3-7-5　多旋翼无人机硬件调试与首飞测试工具清单

序号	名称	数量	借出时间	学生签名	归还时间	学生签名	管理员签名
1							
2							
3							
4							
5							
6							
7							

二、团队分配方案

还等什么？赶快制订出工作计划并实施它。

一、为了更好地完成任务，你可能需要回答以下资讯

1. 简述无人机无桨调试的要求及其目的。

2．无人机在进行有桨调试时应注意哪些问题。

3．简述多旋翼无人机调试完成后首飞测试的操作方法及步骤。

二、工作任务实施

1．美国手、日本手判断

根据提示判断分析表 3-7-6 中的图示下的遥控器是美国手还是日本手，并将判断结果填入表 3-7-6 中。

表 3-7-6　美国手、日本手判断

提示	图示	美国手还是日本手
无桨调试：KK 飞控解锁方式		
无桨调试：锁定方式		
有桨调试：KK 飞控解锁方式		
有桨调试：保持遥控器油门操纵杆处于最低位置		

2．多旋翼无人机的无桨调试

查阅资料，按照多旋翼无人机无桨调试方法及步骤完成多旋翼无人机的无桨的调试。

在进行多旋翼无人机无桨调试的过程中遇到了哪些问题，是如何处理的，记录在表 3-7-7 中。

表 3-7-7　多旋翼无人机无桨调试调试情况记录表

所遇到的问题	解决方法

3．多旋翼无人机的有桨调试

查阅资料，按照多旋翼无人机有桨调试的方法及步骤完成多旋翼无人机有桨的调试。

在进行多旋翼无人机有桨调试的过程中遇到了哪些问题，是如何处理的，记录在表 3-7-8 中。

表 3-7-8　多旋翼无人机有桨调试情况记录表

所遇到的问题	解决方法

4．多旋翼无人机的首飞测试

查阅资料，按照多旋翼无人机首飞测试的方法及步骤完成多旋翼无人机的首飞测试。

在进行多旋翼无人机首飞测试的过程中遇到了哪些问题，是如何处理的，记录在表 3-7-9 中。

表 3-7-9　多旋翼无人机首飞测试情况记录表

所遇到的问题	解决方法

完成了？仔细检查，客观评价，及时反馈。

任务评价

一、成果展示

各小组派代表上台总结在完成任务的过程中学会了哪些技能，发现错误后是如何改正的并展示成果。

二、学生自我评估与总结

_____。

三、小组评估与总结

_____。

四、教师评估与总结

_____。

五、各小组对工作环境的 6S 现场管理

在小组和教师都完成工作任务总结以后，各小组必须对自己的工作环境进行 6S 现场管理，即整理、整顿、清扫、清洁、安全、素养；归还所借的工具和实习工件。

六、评价表

多旋翼无人机硬件调试与首飞测试评价表如表 3-7-10 所示。

表 3-7-10　多旋翼无人机硬件调试与首飞测试评价表

<table>
<tr><td colspan="3">班级：_____
小组：_____
姓名：_____</td><td colspan="6">指导教师：_____
日期：_____</td></tr>
<tr><td rowspan="3">评价
项目</td><td rowspan="3">评价标准</td><td rowspan="3">评价依据</td><td colspan="3">评价方式</td><td rowspan="3">权重</td><td rowspan="3">得分
小计</td></tr>
<tr><td>学生
自评</td><td>小组
互评</td><td>教师
评价</td></tr>
<tr><td>20%</td><td>30%</td><td>50%</td></tr>
<tr><td>职业
素养</td><td>1．遵守企业规章制度、劳动纪律
2．按时按质完成工作任务
3．积极主动承担工作任务，勤学好问
4．人身安全与设备安全
5．工作环境 6S 现场管理完成情况</td><td>1．出勤
2．工作态度
3．劳动纪律
4．团队协作精神</td><td></td><td></td><td></td><td>0.3</td><td></td></tr>
<tr><td>专业
能力</td><td>1．能掌握多旋翼无人机硬件调试与首飞测试的方法及步骤
2．会进行多旋翼无人机无桨调试
3．会进行多旋翼无人机有桨调试
4．会进行多旋翼无人机的首飞测试</td><td>1．操作的准确性和规范性
2．任务或项目技术总结完成情况
3．专业技能任务完成情况</td><td></td><td></td><td></td><td>0.5</td><td></td></tr>
<tr><td>创新
能力</td><td>1．在任务完成过程中能提出有一定见解的方案
2．在教学或生产管理上提出具有创新性的建议</td><td>1．方案的可行性及意义
2．建议的可行性</td><td></td><td></td><td></td><td>0.2</td><td></td></tr>
<tr><td>合计</td><td></td><td></td><td></td><td></td><td></td><td></td><td></td></tr>
</table>

项目四

固定翼无人机的组装与调试

项目目标

知识目标：

1. 能掌握固定翼无人机的基本结构。
2. 能掌握固定翼无人机机身系统的组装方法及步骤。
3. 能掌握固定翼无人机动力系统的组装方法及步骤。
4. 能掌握固定翼无人机软件内部参数的调整方法。
5. 能掌握固定翼无人机硬件调试与试飞测试方法和步骤。

能力目标：

1. 能根据实物及照片分辨出常见固定翼无人机的硬件名称。
2. 能进行固定翼无人机机身系统的组装。
3. 能进行固定翼无人机动力系统的组装。
4. 能进行固定翼无人机软件内部参数的调整。
5. 能进行固定翼无人机硬件调试与试飞。

项目描述

由于固定翼无人机机型及尺寸的差异较大，所以其组装内容及要求差异较大。本项目主要
包括：认识固定翼无人机、固定翼无人机机身系统的组装、固定翼无人机动力系统的组装、固
定翼无人机软件内部参数的调整、固定翼无人机硬件调试与试飞。要求通过五个任务的学习，
掌握固定翼无人机的基本结构，掌握固定翼无人机的机身系统、动力系统的组装方法，以及固
定翼无人机软件内部参数的调整方法，并学会固定翼无人机硬件调试与试飞等相关操作技能。

任务 1 认识固定翼无人机

学习目标

知识目标：

1. 能掌握固定翼无人机的基本结构。

2. 能掌握固定翼无人机各组成部分的作用。

3. 能掌握固定翼无人机组装的步骤。

能力目标：

能分辨固定翼无人机硬件的名称。

工作任务

固定翼无人机是一类机翼外端后掠角可随速度自动或手动调整的机翼固定的无人机。因其优良的功能、模块化集成，现已广泛应用在测绘、地质、石油、农林等领域，具有广阔的市场应用远景。本任务的主要内容就是：通过学习掌握固定翼无人机的组成和特点，并能通过实物和图片分辨常见的固定翼无人机的硬件组成。

相关知识

一、固定翼无人机的组成

固定翼无人机主要由机翼、机身、尾翼、起落装置和动力装置 5 部分组成。固定翼无人机的基本结构如图 4-1-1 所示。

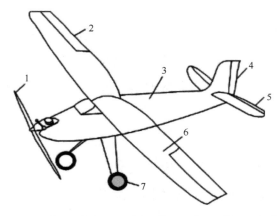

1—螺旋桨；2—副翼；3—机身；4—垂直尾翼；5—水平尾翼；6—机翼；7—起落架。

图 4-1-1　固定翼无人机的基本结构

1. 机翼

机翼的主要功能是产生飞行所需要的升力。固定翼无人机机翼一般安装有襟翼和副翼，其位置在机翼后缘活动面上。靠近机身一侧的为襟翼，放下襟翼时机翼产生的升力会增大，常用于起飞和着陆阶段；靠近翼尖一侧的为副翼，操纵副翼可控制无人机进行滚转运动。机翼上可安装油箱、武器、起落架等附加设备。

机翼的基本组成结构有翼梁、纵墙、桁条、翼肋和蒙皮等，如图 4-1-2 所示。

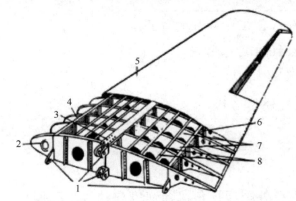

1—接头；2—加强筋；3—翼梁；4—纵墙；5—蒙皮；6—后墙；7—翼肋；8—桁条。

图 4-1-2　机翼的结构

1）纵向骨架

纵向骨架指沿着翼展方向布置的构件，主要包括翼梁、纵墙和桁条。翼梁作为机翼的基本组成结构，主要功能是承受力的作用，包括弯矩和剪力。纵墙与翼梁构造相似，但与翼梁相比，其缘条要细得多，多布置在靠近机翼前后缘处，与蒙皮形成封闭的合段，以承受扭矩，与机身连接方式为铰接。桁条用铝合金挤压或板材弯制而成，与翼肋相连并且铆接在蒙皮内表面，支撑蒙皮以提高其承载能力，以更好地承受机翼的扭矩和弯矩，并与蒙皮共同将空气动力载荷传给翼肋。

2）横向骨架

横向骨架指垂直于翼展方向的构件，主要是指翼肋，一般包括普通翼肋和加强翼肋。普通翼肋的作用是将纵向骨架和蒙皮连成一体，把由蒙皮和桁条传来的空气动力载荷传递给翼梁，并保持翼剖面的形状。加强翼肋除了普通翼肋的功能外，还有承受和传递较大的集中载荷的作用。

3）蒙皮

蒙皮主要用于承受局部空气动力和形成机翼外形。现代高速无人机的蒙皮多是用硬铝板材制成的金属蒙皮，其通过铆接的形式与骨架（翼梁、桁条、翼肋）连成一个整体，承受气动载荷。

2. 机身

机身的主要功能是装载燃料和设备，同时作为固定翼无人机安装基础，将机翼、尾翼、起落装置等连成一个整体。机身的结构如图 4-1-3 所示，由外部的蒙皮、纵向骨架的桁条、桁梁和横向骨架（普通隔框和加强隔框）组成。

1）蒙皮

机身蒙皮和机翼蒙皮的作用相同。蒙皮和横纵骨架用不同方式组合可以形成不同构造形式的机身，如横梁式机身、桁条式机身、硬壳式机身、整体式机身和夹层式机身等。

2）纵向骨架

桁条和梁是纵向骨架的组成部分。机身的桁条和桁梁与机翼的桁条和桁梁作用相似。

3）横向骨架

横向骨架是由许多隔框组成的。隔框有两种，一种是普通隔框，是环形结构，剖面尺寸较小，用以维持机身外形和加强蒙皮；另一种是加强隔框，外形种类较多，除用以维持机身外形和加强蒙皮外，还需要承受其他力，如机翼、发动机等通过接头传递过来的集中力。

3．尾翼

尾翼的主要功能是稳定和控制固定翼无人机完成俯仰及偏转操作。尾翼由水平尾翼和垂直尾翼两部分组成，水平尾翼水平安装在机身尾部，由固定的水平安定面及其后可转动的升降舵组成；垂直尾翼垂直安装在机身尾部，由固定的垂直安定面及其后可转动的方向舵组成。

4．起落装置

起落装置的主要功能是支持无人机在地面上的活动，包括起飞滑跑、着陆滑行及停放。无人机的起落架一般由支柱、减震器、机轮和收放机构四部分组成。支柱式起落架结构示意图如图4-1-4所示。

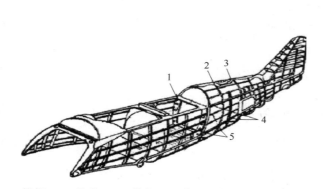

1—桁梁；2—桁条；3—蒙皮；4—加强隔框；5—普通隔框。

图4-1-3 机身的结构

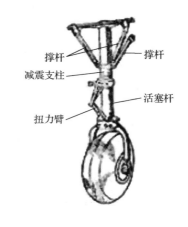

图4-1-4 支柱式起落架结构示意图

1）支柱

支柱主要起支撑作用，是机轮的安装基础。为了减轻质量，常将减震器与机轮合为一体组成减震支柱。

2）减震器

减震器的主要作用是吸收着陆和滑跑时的撞击能量。无人机在接地瞬间或在不平的跑道上进行高速滑跑时会与地面发生剧烈的撞击，除充气轮胎可起小部分缓冲作用外，大部分撞击能量要靠减震器吸收。

3）机轮

机轮与地面接触，支持无人机，减少无人机在地面上运动时的阻力，可以吸收一部分撞击能量，有一定的减震作用。机轮上装有刹车装置，因此固定翼无人机在地面上具有良好的机动性。

4）收放机构

收放机构用于收放起落架及固定支柱，可减少飞行时的阻力。

5．动力装置

动力装置的主要功能是产生拉力（螺旋桨式）或推力（喷气式），使无人机产生相对空气的运动。

二、固定翼无人机的气动特点

1．翼型

翼型是指机翼横截面的轮廓，也称翼剖面，是沿平行于无人机对称平面的平面切割机翼所得到的剖面，如图4-1-5所示。

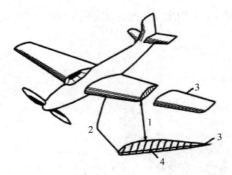

1—翼剖面；2—前缘；3—后缘；4—翼弦。

图4-1-5　翼型

翼型对无人机性能的影响很大，选用能满足结构、强度等要求的翼型非常重要。翼型各部分的名称如图4-1-6所示。一般翼型前端圆钝，后端尖锐，下表面较平，呈鱼侧形，前端点叫作前缘，后端点叫作后缘，两端点之间的连线叫作翼弦。

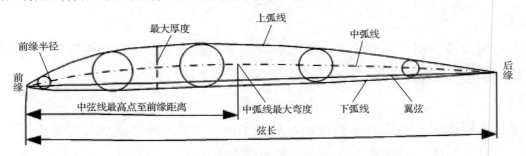

图4-1-6　翼型各部分的名称

机翼按基本平面形状可分为矩形翼、椭圆翼、梯形翼、后掠翼、三角翼等。不同平面形状的机翼的升力、阻力有所差异，这与机翼平面形状的各种参数有关。机翼平面形状的几何参数主要有机翼面积、翼展、展弦比和后掠角等，如图 4-1-7 所示。

（1）机翼面积：机翼在机翼基本平面上投影的面积，用 S 表示。

（2）翼展：在机翼之外刚好与机翼轮廓线接触，且平行于机翼对称面（通常是无人机参考面）的两个平面之间的距离，用 L 表示。

（3）展弦比：机翼翼展的平方与机翼面积之比，或者机翼翼展与机翼平均几何弦长（机翼面积 S 除以翼展 L）之比，即 L^2/S。

（4）后掠角：描述翼面特征线与参考轴线相对位置的夹角。用 x 表示，通常 x_0 表示前缘后掠角，$x_{0.25}$ 表示 1/4 弦线后掠角，$x_{1.0}$ 表示后缘后掠角。后掠角表示机翼各剖面在纵向的相对位置，也表示机翼向后倾斜的程度，后掠角为负表示翼面有前掠角。

2．升力的产生及公式

1）升力的产生

翼弦线与相对气流速度之间的夹角叫作迎角，如图 4-1-8 所示。迎角不同，相对气流流过机翼产生的空气动力就不同，所以迎角是无人机在飞行中产生空气动力的重要参数。迎角有正负之分，相对气流方向与翼弦平面下表面的夹角为正迎角，相对气流方向与翼弦平面上表面的夹角为负迎角。

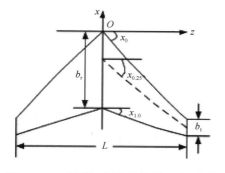

图 4-1-7　机翼平面形状的几何参数

图 4-1-8　迎角

假设翼型有一个不大的迎角，当气流流到翼型的前缘时，气流分为上下两股分别流经翼型的上下翼面。由于翼型的作用，当气流流过上翼面时流动通道变窄，气流速度增大；当气流流过下翼面时，翼型前端上仰气流受到阻挡，流动通道扩大，气流速度减小。

根据连续性定理和伯努利定理可知，在翼型的上表面，因流动通道变窄，即流动通道截面积减小，气流速度大，故压强减小；在翼型的下表面，因流动通道变化不大，故压强基本不变。因此，翼型上下表面产生压强差，形成了总空气动力 R，R 的方向向后上方，总空气动力 R 与翼弦的交点叫作压力中心。根据总空气动力的实际作用，可把总空气动力分成两个分力，一个力与气流方向垂直，起支托无人机的作用，即升力 Y；另一个力与气流方向平行，起阻碍无人机前进的作用，即阻力 D，如图 4-1-9 所示。

2）升力公式

升力公式是分析飞行问题和进行飞行性能计算最重要、最基本的公式。经过理论和实验证明，可得出升力公式如下：

$$Y = \frac{1}{2}C_y\rho v^2 S$$

式中，Y 为升力（N）；C_y 为升力系数；ρ 为空气密度（kg/m³）；v 为相对气流速度（m/s）；S 为机翼面积（m²）。

由升力公式可知，升力的大小与机翼面积、相对气流速度、空气密度及升力系数有关，其中升力系数与迎角和翼型有关。

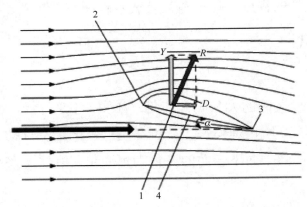

1—空气动力作用点；2—前缘；3—后缘；4—翼弦。

图 4-1-9 升力产生

3．阻力的产生及影响因素

物体只要同空气有相对运动，就会有空气阻力作用在物体上。无人机在飞行时，不仅机翼会产生阻力，其他部件如机身、尾翼、起落架等都会产生阻力，机翼阻力只是无人机飞行阻力的一部分。

飞行阻力按其产生原因不同，可分为摩擦阻力、压差阻力、诱导阻力和干扰阻力。

1）摩擦阻力

摩擦阻力是由于空气具有黏性而产生的。当气流以一定速度流过无人机表面时，由于空气具有黏性，空气微团与无人机表面发生摩擦，阻滞了气流的流动，因此产生了摩擦阻力。摩擦阻力的大小，取决于空气的黏性、无人机表面的状况、附面层中气流的流动情况和无人机同气流接触的表面积的大小。空气的黏性越大，无人机表面越粗糙，无人机的表面积越大，摩擦阻力越大。为了降低摩擦阻力，可以减少无人机同空气的接触面积，也可以把无人机表面做得光滑些，也可以选择升阻比大的翼型，以及减小相对气流速度。

2）压差阻力

压差阻力是由运动中的物体前后所形成的压强差形成的，压差阻力的大小同无人机的迎风面积、形状，以及无人机在气流中的位置有关。

3）诱导阻力

诱导阻力是伴随着升力而产生的，也称升致阻力，如果没有升力，则诱导阻力为零。诱导阻力与机翼的平面形状、翼型、展弦比等有关，可以通过增大展弦比、选择适当的平面形状（如椭圆形机翼的平面形状）、增加翼梢小翼等来减小诱导阻力。在相同条件下，椭圆形机翼的诱导阻力最小，矩形机翼的诱导阻力最大。

4）干扰阻力

干扰阻力是无人机各部件之间因气流相互干扰而产生的阻力。无人机的各个部件如机翼、机身、尾翼等，单独放在气流中所产生的阻力的总和并不等于把它们组成一架无人机放在气流中所产生的阻力，往往前者小于后者，多出来的部分就是干扰阻力。为了减少干扰阻力，在设计中，应妥善考虑和安排各部件的相对位置，同时加装整流罩，连接过渡圆滑，减小旋涡的产生。

4．拉力

对于固定翼无人机来说，除少数大型高速无人机采用目前还不普遍的喷气发动机外，大部分中小型民用固定翼无人机都是依靠螺旋桨产生拉力/推力的。实质上，拉力也是推力，对于螺旋桨无人机而言，习惯上称为拉力。螺旋桨的好坏直接影响无人机飞行性能甚至安全。

1）螺旋桨

螺旋桨是靠桨叶在空气或水中旋转，将发动机转动功率转化为推进力的装置。螺旋桨是电动固定翼无人机和油动固定翼无人机常用的动力装置。螺旋桨运作好坏直接影响拉力大小，而拉力大小又关系到无人机的飞行性能。

螺旋桨各部分的名称与翼型各部分名称有很多相似的地方。桨叶也有前缘和后缘，桨叶的剖面形状和机翼剖面形状差不多。

无人机在飞行时，螺旋桨边旋转产生拉力边前进，所以它的工作情况要比机翼复杂得多。

2）螺旋桨工作原理

螺旋桨工作原理如图 4-1-10 所示，空气以一定的迎角流向桨叶时，流过桨叶前桨面，类似于流过机翼上表面，流动通道变窄，流速加快，压强降低；空气流过桨叶后桨面，类似于流过机翼下表面，流动通道变宽，流速减慢，压强升高。因此，在桨叶的前后桨面和前后缘形成压力差，加之气流作用于桨叶上的摩擦阻力，构成了桨叶上的总空气动力 R。根据总空气动力 R 对螺旋桨运动起的作用，可将它分解成两个分力，一个是与桨毂平行，拉着螺旋桨和无人机前进的拉力 P；另一个是与桨毂垂直，阻碍螺旋桨旋转的旋转阻力 Q。

影响螺旋桨的拉力和旋转阻力的因素与影响机翼的升力和阻力的因素类似，主要有桨叶迎角、桨叶切面合速度、空气密度、螺旋桨直径、桨叶数量、桨叶切面形状及维护使用情况等。

3）螺旋桨的副作用

螺旋桨在产生拉力为无人机提供前进动力的同时会产生一些对飞行不利的副作用，主要有螺旋桨的进动、反作用力矩和滑流扭转作用等。

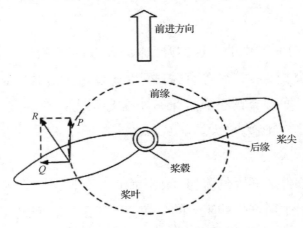

图 4-1-10　螺旋桨工作原理

三、固定翼无人机的组装

尺寸近似有人机的固定翼无人机，构造复杂、零件数量多，装配步骤有严格规定，装配精度要求高。

固定翼无人机的组装主要由机身系统组装、动力系统组装、飞控系统组装、电气系统组装，以及机载设备组装组成。本项目主要对固定翼无人机的机身系统组装和动力系统组装进行介绍，飞控系统、电气系统及机载设备的组装准则参见"多旋翼无人机的组装与调试"章节，二者组装方法及调整原则基本相同，这里不再赘述。

一般固定翼无人机产品组装步骤由其生产单位确定。在不影响飞行性能的前提下，部分组装顺序可适当调整，并且不同的固定翼无人机产品，其组装步骤可能会要求两个或两个以上的系统并行组装，一般的组装步骤为机身系统组装→动力系统组装→飞控系统组装→电气系统组装→机载设备组装。

一、外围设备、工具的准备

为完成工作任务，每个工作小组需要向仓库工作人员提供借用工具清单（见表 4-1-1）。

表 4-1-1　认识固定翼无人机借用工具清单

序号	名称	数量	借出时间	学生签名	归还时间	学生签名	管理员签名
1							
2							
3							
4							
5							
6							
7							

二、团队分配方案

还等什么？赶快制订出工作**计划**并**实施**它。

任务实施

一、为了更好地完成任务，你可能需要回答以下资讯

1．固定翼无人机的基本结构主要由_____、_____、_____、_____装置和_____装置 5 部分组成。

2．机翼的主要功能是产生飞行所需要的_____。固定翼无人机机翼一般安装有_____翼和_____翼，其位置在机翼_____活动面上。靠近机身一侧的为_____翼，放下襟翼时机翼产生的升力会增大，常用于起飞和着陆阶段。

3．机翼的基本组成结构有_____、_____、_____、_____和_____等。

4．横向骨架指_____于翼展方向的构件，主要是指翼肋，一般包括_____翼肋和_____翼肋。

5．蒙皮主要用于承受局部_____动力和形成机翼外形。现代高速无人机的蒙皮多是用_____板材制成的金属蒙皮，其通过铆接的形式与骨架（翼梁、桁条、翼肋）连成一个整体，承受_____载荷。

6．尾翼的主要功能是稳定和控制固定翼无人机完成_____及_____操作。

7．无人机的起落架一般由_____、_____、_____和_____机构四部分组成。

8．固定翼无人机的组装主要由_____组装、_____系统组装、_____系统组装、_____系统组装，以及_____组装组成。

二、工作任务实施

1．认识固定翼无人机结构

（1）图 4-1-11 为固定翼无人机的翼型结构图，查阅资料，完成填空，提升对多旋翼无人机基本结构的认知。

（2）图 4-1-12 为固定翼无人机升力产生示意图，查阅资料，完成填空，提升对固定翼无人机升力的产生及影响因素的认知。

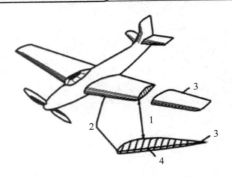

图 4-1-11　固定翼无人机的翼型结构图

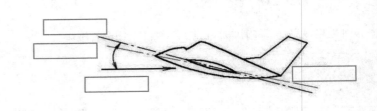

图 4-1-12　固定翼无人机升力产生示意图

1. _____ 2. _____ 3. _____ 4. _____

2. 认识固定翼无人机组装步骤

根据图 4-1-13 所示的固定翼无人机组装流程图，查阅资料，完成固定翼无人机组装步骤的描述。

（　　）电动机、电调安装

（　　）舵角、拉杆安装

（　　）起落架安装

（　　）尾翼、主翼安装

（　　）电动机、电调接线

（　　）重心调试（静态平衡、动态平衡）

（　　）电动机通电调试（接线检测、电动机正反转）

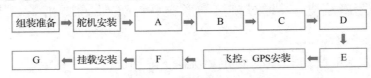

图 4-1-13　固定翼无人机组装流程图

完成了？仔细检查，客观评价，及时反馈。

任务评价

一、成果展示

各小组派代表上台总结在完成任务的过程中学会了哪些技能，发现错误后是如何改正的，并展示成果。

二、学生自我评估与总结

三、小组评估与总结

_____。

四、教师评估与总结

_____。

五、各小组对工作环境的 6S 现场管理

在小组和教师都完成工作任务总结以后，各小组必须对自己的工作环境进行 6S 现场管理，即整理、整顿、清扫、清洁、安全、素养；归还所借的工具和实习工件。

六、评价表

认识固定翼无人机评价表如表 4-1-2 所示。

表 4-1-2　认识固定翼无人机评价表

班级：_____ 小组：_____ 姓名：_____			指导教师：_____ 日期：_____				
评价项目	评价标准	评价依据	评价方式			权重	得分小计
			学生自评 20%	小组互评 30%	教师评价 50%		
职业素养	1. 遵守企业规章制度、劳动纪律 2. 按时按质完成工作任务 3. 积极主动承担工作任务，勤学好问 4. 人身安全与设备安全 5. 工作环境 6S 现场管理完成情况	1. 出勤 2. 工作态度 3. 劳动纪律 4. 团队协作精神				0.3	
专业能力	1. 能叙述固定翼无人机的基本结构及各组成部分的作用 2. 能掌握固定翼无人机的组装步骤 3. 能通过固定翼无人机的实物和图片判定其硬件名称	1. 操作的准确性和规范性 2. 任务或项目技术总结完成情况 3. 专业技能任务完成情况				0.5	
创新能力	1. 在任务完成过程中能提出有一定见解的方案 2. 在教学或生产管理上提出具有创新性的建议	1. 方案的可行性及意义 2. 建议的可行性				0.2	
合计							

任务 2　固定翼无人机机身系统的组装

学习目标

知识目标：

　　1. 能掌握固定翼无人机机翼与机身的连接方式。

　　2. 能掌握固定翼无人机机身系统的组装要点。

能力目标：

　　能根据要求完成固定翼无人机机身系统的组装。

工作任务

　　固定翼无人机机身系统通常包括机翼、机身、尾翼和起落架等，控制舵面通常包括副翼、升降舵和方向舵等。其组装过程主要包括机翼与机身的连接、尾翼与机身的连接、起落架与机身的连接。各部分之间的对接原则、对接接头的位置和数量取决于机翼的结构受力形式和机翼的尺寸。本任务的主要内容就是：通过学习掌握固定翼无人机机翼与机身的连接方式和机身系统的组装要点，并能根据要求完成固定翼无人机机身系统的组装。

相关知识

一、固定翼无人机机翼与机身的连接方式

　　中型及以下固定翼无人机的机翼与机身常用的连接形式主要有螺栓连接、卡口连接、插销连接、橡皮筋捆绑、粘胶连接等。

1. 螺栓连接

　　螺栓连接是无人机组装中最常用的一种连接方式，其优点在于装拆方便，利于检修，可以增加预紧力防止松动，不会引起连接处材料成分相变。

　　螺栓连接主要应用于机翼与机身的连接、尾翼与机身的连接、起落架与机身的连接，并且经常与其他连接方式配合使用。

　　机翼与机身可采用直接螺栓连接，如图 4-2-1（a）所示；也可采用插销连接加螺栓连接，如图 4-2-1（b）所示。插接结构适合尺寸较大的固定翼无人机，在机身与机翼之间插入一根销，插销方式弦向阻力小，但结构质量稍大。机翼插接结构刚性较好，通过螺栓固定机翼与机身的连接可进一步增加强度。

2. 卡口连接

卡口连接是用于一个零件与另一个零件的嵌入连接或整体闭锁的连接结构,通常用于塑料件连接,连接材料通常由具有一定柔韧性的塑料材料构成。

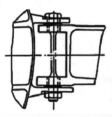

（a）直接螺栓连接　　　　（b）插销连接加螺栓连接

图 4-2-1　螺栓连接

卡口连接最大的特点是安装拆卸方便,可以做到免工具拆卸。一般情况下,卡口连接需要与其他连接方式配合使用,连接较稳定,如图 4-2-2 所示。在安装卡口时,操作者主要通过手感及声音来判断其安装是否到位,因此,应在充分弄清结构后,再进行安装。

3. 橡皮筋捆绑

橡皮筋捆绑是指用橡皮筋采用捆绑方式将机翼与机身连接并固定在一起,如图 4-2-3 所示。橡皮筋捆绑连接形式常应用在轻微型无人机上,组装简便、拆装容易、质量轻是其主要特点,但是此连接结构在无人机飞行过程中易损坏,一旦损坏必须更换,无法修复。

图 4-2-2　卡口连接　　　　　　　　　图 4-2-3　橡皮筋捆绑方式

4. 粘胶连接

粘胶连接是指直接用合适的粘胶将无人机的相关部件粘接在一起的连接形式。该连接形式操作比较方便,价格也相对便宜,但用此种方法连接的无人机稳定性差、易损坏、受温度影响较大。

二、固定翼无人机机身系统的组装要点

1. 机翼组装

轻微型固定翼无人机的机翼组装一般分为左、右两部分的连接,组装效果直接影响无人机的飞行性能,应严格按照产品说明书要求进行组装。

（1）机翼连接方式应符合要求,粘接、螺接等都应保证牢固、可靠、不松动。

（2）机翼安装后其安装角、上反角及后掠角等应符合要求。一般需安装上反角加强片或支撑杆等，其强度应足够承担飞行时的机翼载荷，安装后机翼的合缝处与机身纵轴线重合或机翼沿纵轴线对称。

安装角是指机翼安装在机身上时翼根翼剖面弦线与机身轴线之间的夹角，即从侧面看机翼翼弦和无人机纵轴的夹角，如图 4-2-4 所示。

上反角是指机翼下表面和垂直于无人机立轴的平面之间的夹角，若从机头向机尾看去，两个翼尖向两边上翘的就叫上反角，两个翼尖向两边下垂的就叫下反角，如图 4-2-5 所示。

图 4-2-4　安装角　　　　　　　　图 4-2-5　上反角和下反角

2．尾翼组装

尾翼组装与机翼组装类似，分为分离式和一体式，组装应严格按照说明书要求进行。组装完成前，应检查尾翼的安装角，先将尾翼插进机身槽口，仔细检查尾翼安装角的角度是否准确。从俯视的角度检查水平尾翼是否左右对称，从后视的角度检查垂直尾翼是否垂直于机身和水平尾翼，如图 4-2-6 所示，若有误差一定要及时纠正。

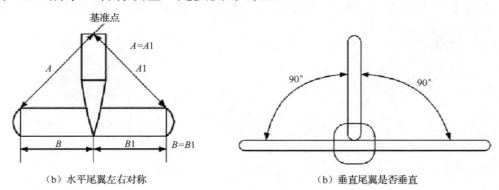

（b）水平尾翼左右对称　　　　　　　　（b）垂直尾翼是否垂直

图 4-2-6　尾翼组装

3．起落架组装

起落架组装主要按照说明书要求进行，必需安装在规定位置。例如，某无人机采用后 3 点式起落架。起落架前两轮应用压片紧固在机身上，起落架后轮应安装在中立位置，如图 4-2-7 所示。

4．舵机组装

1）舵机的组成

舵机也叫伺服电动机，最早用于实现各类航模的转向功能。由于可以通过程序连续控制其转角，因此被广泛应用于各类机电一体化产品中。在固定翼无人机中，无人机的飞行姿态是通过调节发动机和各个控制舵面来实现的。

图 4-2-7　起落架的组装

舵机是一个根据遥控信号来决定摇臂偏转角度的器件，通过摇臂上连接的钢丝，控制翼面的偏转角度，进而完成飞行姿态的调整。舵机主要由舵盘、减速齿轮组、电位器、直流电动机和控制电路等组成，如图 4-2-8 所示。

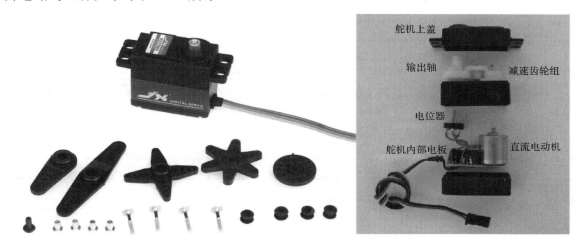

图 4-2-8　舵机的组成

舵机的输入线共有 3 根，如图 4-2-9 所示，一般红色的是电源线，黑色的是地线，这两根线为舵机提供最基本的能源保证。电源有两种规格，一种是 4.8V 的，另一种是 6.0V 的，分别对应不同的扭矩标准，即输出的力矩不同，采用 6.0V 电源时舵机的输出力矩要大一些，具体看应用条件。剩余一根输入线是控制信号线，不同品牌舵机的输入线颜色不同。

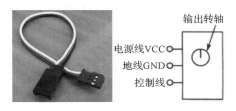

图 4-2-9　舵机输入线

2）舵机的分类及选型

按照舵机的工作电压来分：普通电压舵机（4.8～6V）和高压舵机（6～7.4V；9.4～12V）。高压舵机的优点是发热小，反应更灵敏，扭矩更大。

按照是否防水来分：全防水舵机和普通舵机。

按照舵机的工作信号来分：模拟舵机和数字舵机。其中，数字舵机反应更快，加速和减速更迅速、更柔和，能提供更高的精度和更好的固定力量。

选用舵机主要考虑应用场合及性能指标，综合考虑尺寸、种类、扭矩、齿轮介质、工作模式等方面。某舵机的技术参数如表 4-2-1 所示。

表 4-2-1　其舵机的技术参数

最大脉宽	900～2100μs		
最大及角度	120º		
电动机	空心杯		
质量	59g		
轴承	3BB		
输出齿	25T		
连接线	JR 256mm		
死区	1μ		
电压	6.0V	7.4V	8.4V
速度	0.12sec/60°	0.10sec/60°	0.1sec/60°
扭力	25.2kg·cm	28kg·cm	32.3kg·cm
快速持续工作电流	600mA	700mA	800mA
堵转电流	2500mA	2800mA	3000mA
电动机型号	无刷电动机		
电位器类型	日本 nobie 220º		
芯片类型	数字		
齿轮组材质	铝合金		
线长	（330±5）mm		
线径	0.3mm²		
线芯数量	60		

3）安装要求

舵机执行部分主要由摇臂、连杆及舵角组成。舵机的指针形摇臂适用于方向舵和升降舵，一字形和十字形摇臂适用于副翼，如图 4-2-10 所示。

舵角，一般是一个三角形的固定件，如图 4-2-11 所示，安装在无人机副翼、尾翼的活动面上，通过连杆与机摇臂连接。遥控器通过控制其活动面摆动来调节无人机飞行轨迹。

通过调整连杆在舵机摇臂和在舵角上的安装位置，可以实现舵面偏转量的设置，如图 4-2-12 所示。

图 4-2-10　舵机执行部分

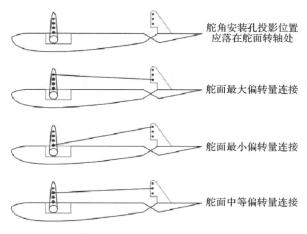

图 4-2-11　舵角

舵角安装孔投影位置
应落在舵面转轴处

舵面最大偏转量连接

舵面最小偏转量连接

舵面中等偏转量连接

图 4-2-12　舵面偏转量设置

此外，舵机安装过程中的注意事项如下。

（1）同一舵面的各个铰链的中心线应该在一条直线上，并且位于舵面的中心。

（2）控制摇臂的转动点应该与铰链的中心线在同一个平面上。

（3）舵机摇臂应该与铰链中心线平行，调整摇臂使得键槽与键齿相配合，尽量不要使用遥控器的中立位置调整功能来调整舵机的中心位置。

（4）使用高级的带轴承的连接附件和精密加工的铝制舵机摇臂可以更好地完成设置。

　任务准备

一、外围设备、工具的准备

为完成工作任务，每个工作小组需要向仓库工作人员提供借用工具清单（见表 4-2-2）。

表 4-2-2　固定翼无人机机身系统的组装借用工具清单

序号	名称	数量	借出时间	学生签名	归还时间	学生签名	管理员签名
1							
2							
3							
4							
5							
6							
7							

二、团队分配方案

还等什么？赶快制订出工作**计划**并**实施**它。

任务实施

一、为了更好地完成任务，你可能需要回答以下资讯

1. 中型及以下固定翼无人机的机翼与机身常用的连接形式主要有_____连接、_____连接、_____连接、_____、_____连接等。

2. _____连接主要应用于机翼与机身的连接、尾翼与机身的连接、起落架与机身的连接，并且经常与其他连接方式配合使用。

3. 卡口连接是用于一个与另一个零件的_____连接或整体闭锁_____连接结构，通常用于_____件连接，连接材料通常由具有一定柔韧性的_____材料构成。

4. 安装角是指机翼安装在机身上时_____弦线与_____轴线之间的夹角，即从侧面看机翼翼弦和无人机纵轴的夹角。

5. 舵机是一个根据遥控信号来决定_____偏转角度的器件，通过_____上连接的钢丝，控制翼面的偏转角度，进而完成飞行姿态的调整。

6. 舵机主要由_____、_____、_____、_____电动机和_____电路等组成。

二、工作任务实施

1. 固定翼无人机的机翼组装

查阅资料，按照固定翼无人机机翼组装的方法及步骤完成固定翼无人机机翼的组装。
在进行固定翼无人机机翼组装的过程中遇到了哪些问题，是如何处理的，记录在表 4-2-3 中。

表 4-2-3　固定翼无人机机翼组装情况记录表

所遇到的问题	解决方法

2. 固定翼无人机的翼尾组装

查阅资料，按照固定翼无人机翼尾组装的方法及步骤完成固定翼无人机翼尾的组装。
在进行固定翼无人机翼尾组装的过程中遇到了哪些问题，是如何处理的，记录在表 4-2-4 中。

表 4-2-4　固定翼无人机翼尾组装情况记录表

所遇到的问题	解决方法

3．固定翼无人机起落架的组装

查阅资料，按照固定翼无人机起落架组装的方法及步骤完成固定翼无人机起落架的组装。

在进行固定翼无人机起落架组装的过程中遇到了哪些问题，是如何处理的，记录在表 4-2-5 中。

表 4-2-5　固定翼无人机起落架组装情况记录表

所遇到的问题	解决方法

4．固定翼无人机舵机的组装

查阅资料，按照固定翼无人机舵机组装的方法及步骤完成固定翼无人机舵机的组装。

在进行固定翼无人机舵机组装的过程中遇到了哪些问题，是如何处理的，记录在表 4-2-6 中。

表 4-2-6　固定翼无人机舵机组装情况记录表

所遇到的问题	解决方法

完成了？仔细检查，客观评价，及时反馈。

 任务评价

一、成果展示

各小组派代表上台总结在完成任务的过程中学会了哪些技能，发现错误后是如何改正的，并展示成果。

二、学生自我评估与总结

_____。

三、小组评估与总结

_____。

四、教师评估与总结

_____。

五、各小组对工作环境的 6S 现场管理

在小组和教师都完成工作任务总结以后，各小组必须对自己的工作环境进行 6S 现场管理，即整理、整顿、清扫、清洁、安全、素养；归还所借的工具和实习工件。

六、评价表

固定翼无人机机身系统的组装评价表如表 4-2-7 所示。

表 4-2-7　固定翼无人机机身系统的组装评价表

<table>
<tr><td colspan="3">班级：_____
小组：_____
姓名：_____</td><td colspan="5">指导教师：_____
日期：_____</td></tr>
<tr><td rowspan="2">评价项目</td><td rowspan="2">评价标准</td><td rowspan="2">评价依据</td><td colspan="3">评价方式</td><td rowspan="2">权重</td><td rowspan="2">得分小计</td></tr>
<tr><td>学生自评
20%</td><td>小组互评
30%</td><td>教师评价
50%</td></tr>
<tr><td>职业素养</td><td>1. 遵守企业规章制度、劳动纪律
2. 按时按质完成工作任务
3. 积极主动承担工作任务，勤学好问
4. 人身安全与设备安全
5. 工作环境 6S 现场管理完成情况</td><td>1. 出勤
2. 工作态度
3. 劳动纪律
4. 团队协作精神</td><td></td><td></td><td></td><td>0.3</td><td></td></tr>
<tr><td>专业能力</td><td>1. 能掌握固定翼无人机机身系统的组装要点
2. 会进行固定翼无人机机翼的组装
3. 会进行固定翼无人机翼尾的组装
4. 会进行固定翼无人机起落架的组装
5. 会进行固定翼无人机舵机的组装</td><td>1. 操作的准确性和规范性
2. 任务或项目技术总结完成情况
3. 专业技能任务完成情况</td><td></td><td></td><td></td><td>0.5</td><td></td></tr>
<tr><td>创新能力</td><td>1. 在任务完成过程中能提出有一定见解的方案
2. 在教学或生产管理上提出具有创新性的建议</td><td>1. 方案的可行性及意义
2. 建议的可行性</td><td></td><td></td><td></td><td>0.2</td><td></td></tr>
<tr><td>合计</td><td></td><td></td><td></td><td></td><td></td><td></td><td></td></tr>
</table>

任务 3　固定翼无人机动力系统的组装

学习目标

知识目标：

1. 能了解固定翼无人机动力系统配置原则。

2. 能掌握固定翼无人机电动系统的选配要求和组装要求。

3. 能掌握固定翼无人机电动系统的组装方法及步骤。

能力目标：
1. 会进行固定翼无人机电动机的安装。
2. 会进行固定翼无人机电调的安装。
3. 会进行固定翼无人机螺旋桨的安装。

工作任务

固定翼无人机的动力系统主要分为电动系统和油动系统，常用的动力装置主要有活塞式发动机、喷气式发动机、电动式发动机和压缩气体发动机等。本任务的主要内容就是：通过学习掌握固定翼无人机电动系统的选配要求和组装要求，并能根据要求完成固定翼无人机动力系统的组装。

相关知识

一、固定翼无人机动力系统配置原则

固定翼无人机动力系统的配置原则如下。

1. 推重比选择

推重比是指无人机发动机推力/拉力与无人机飞行重力之比。该参数是衡量动力系统乃至整机性能的重要参数，对飞行性能有较大影响。

在理论上，当动力系统产生的推力/拉力大于或等于无人机飞行时受到的阻力时，无人机就能保持持续水平飞行。但在实际飞行时，除阻力外，无人机还有其他力需要克服。例如，起落架与地面的摩擦力，无人机在爬升时要平衡的重力沿机身轴线的分力等。因此，动力系统提供的推力/拉力必须更大。在配置固定翼无人机的动力系统时选择的推重比必须达到或超出设计的推重比。

2. 翼载荷要求

翼载荷是无人机单位面积升力面所承受的气动力载荷，用于衡量无人机在飞行中机翼的受载状况，直接影响无人机的飞行性能。翼载荷小，飞行速度慢，无人机的操纵性和机动性较好；翼载荷大，飞行速度快，无人机的机动性较差，但其飞行阻力小，抗风性和穿透性较好。根据机型和任务要求的不同，无人机的设计翼载荷各有差异。在配置固定翼无人机的动力系统时，应考虑翼载荷的大小及其影响。注意不能让翼载荷严重偏离设计值，否则会严重影响无人机的飞行性能。

3．配平要求

无人机的配平对其飞行性能有很大影响，因此在配置和安装动力系统时，要格外注意无人机的配平。一般在选择零部件初期和进行无人机改装、动力系统升级时，需要估算动力系统的总重及规划各部件的安装位置，以保证动力系统的安装符合配平要求，以及重心处于设计位置。

电动动力系统的质量占无人机总重的比例较大，在安装时，应尽可能通过移动电池的方法调整无人机的重心位置，尽可能做到零配重或小配重。如果因空间等限制无法配平，或者需要配置较大配重，则应考虑更改动力系统的配置，或修改无人机总体布局设计。

二、电动系统的组装

1．电动系统的组成

固定翼无人机的电动系统由螺旋桨、电动机、电调、电池组成。各组成部分介绍参见"多旋翼无人机的组装与调试"章节，在此不再赘述。

2．选配要求

1）选配流程

电动系统的选配流程如下。

（1）根据估算的翼载荷和推重比，得出动力系统应提供的拉力大小，选出级别合适的电动机和螺旋桨组合。

（2）依据所选电动机的最大额定电流，选择所需电调，电调的标称电流应大于电路最大额定电流。

（3）参照电路的稳定电流，并根据整机的质量要求，选择合适的动力电池。

2）选配原则

在遵循配置原则的基础上，小型及以下固定翼无人机采用电动系统时可以参考一些经验数据，如表 4-3-1 所示。

表 4-3-1　常见的动力组配置略表

电动机规格 （按定子直径分类）	17/18	22	28	35	41
外形尺寸/mm	外径 22～24 长度 20～36	直径 28 长度 20～40	直径 35～38 长度 30～45	外径 41～45 长度 40～60	外径 50～58 长度 40～60
常见型号	2223 1806	2826 2208	3542 2820	4250 3520	5050 4120
KV 值	1000～2500	700～2000	500～1500	400～1000	300～600
螺旋桨直径/in	6～10	9～12	11～14	13～15	14～16

续表

最大转速范围/(r/min)	7000~10000	600~9000	5000~8000	400~1000	300~600
最大电流/A	10	15~20	25~45	35~70	50~80
电池规格/（mA·h）	2S 800/1300	3S 1300	5S/4S 2200	3S/4S 4400	3S/6S 大于 5000
拉力范围/kg	0.3~0.8	0.8~1.5	1.5~2.5	2.0~3.0	2.5~3.5

在进行初步选配后，还应主要考虑以下几方面内容。

（1）螺旋桨的选择。

由于螺旋桨的拉力受直径、桨叶面积影响，因此在其他条件允许的情况下，可选择大直径的螺旋桨。但要注意防止螺旋桨因桨叶过大而与机身其他部件发生碰撞；如果桨叶较薄，还应注意桨叶变形后是否会与其他部件发生干涉。一般桨叶与机身任何固定部件的距离应大于20mm，对于较薄或材质较软的桨叶还须留出更大的安全距离。还要注意在机身较低时，应避免螺旋桨打地现象的发生，一般螺旋桨旋转时距地面最近点的高度至少要大于其直径的1/10。对于经常在草地、碎石路面起飞、着陆的无人机，该高度至少要大于螺旋桨机身直径的1/5。

（2）电动机的选择。

在电流、功率等数相同的情况下，大直径、小长度的电动机往往比小直径、大长度的电动机具备更好的散热能力。同时，电动机直径的增大会使其产生的扭矩变大，有助于提高驱动效率，但启动和加速性能会稍微降低。

高温是电动机过载的重要标志。可通过测量电流来判断电动机负载大小；若无专门的测量仪表，则可通过断电后电动机的温度来判断。电动机无论质量优劣，如果在停转后其表面温度过高，则表明电动机已严重过载。电动机过载会使其寿命缩短甚至烧毁，危及飞行安全。

（3）电调的选择。

电调的额定电流应与电动机的工作电流一致，标称电流应大于或等于电动机的最大额定电流。如果通过测试了解一台无刷电动机的工作电流为 37A（在带有螺旋桨载荷的情况下），那么可以选择比电动机工作电流稍微大一些的额定电流为 40A 的电调。

（4）电池的选择。

由于电池的质量占动力系统总质量的比例最大，对翼载荷、推重比等参数影响较大，因此电池的选配需要仔细权衡。

电池容量指的是电池储存电能的多少，电池容量越大，其储存的电能越多，续航能力越好，无人机飞行时间越长。

但电池容量的增加必然导致动力系统质量增大，进而使整机质量增大，这不仅会使巡航所需动力和最大工作电流增大，还会减小推重比，增加翼载荷。因此，使用电池容量过大的电池的无人机不但飞行时间得不到明显提高，可能还会使整架无人机的飞行性能降低。因此选择电池并不是容量越大越好，而是根据无人机的需要进行适当的选择。

另外，8S 锂电池的满电电压约为 33.6V（8×4.2V），人体所能承受的安全电压为 36V。因此，在使用过程具有一定的危险性，一般不建议使用 8S 以上的锂电池组。在确实需要如此大功率输出的模型无人机上，可采用多发布局，或者采用油动动力系统。

3．组装要求

1）电动机安装

电动机安装角是一个十分重要的设置，关系到无人机飞行的稳定性，特别是在固定翼无人机安装中。要准确计算电动机安装角是十分复杂的，掌握最基本的原理，有利于在飞行维护中调节出最适合的电动机安装角。

拉力线是指固定翼无人机的发动机/电动机（带动螺旋桨）产生拉力/推力的轴线。拉力线与无人机机身轴线的夹角就是电动机安装角，如图 4-3-1 所示，一般是指右拉角和下拉角。相对于机身轴线来说，电动机轴线沿无人机前进方向向右前方延伸的角是右拉角，向前下方延伸的角是下拉角。

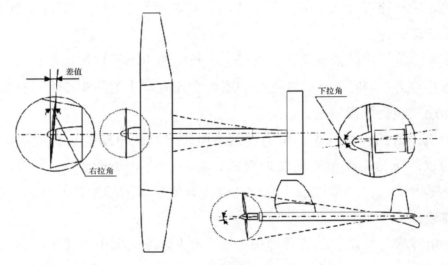

图 4-3-1　电动机安装角

对于采用螺旋桨的前拉式固定翼无人机，当螺旋桨是顺时针（由后向前看）旋转时，螺旋桨给机身一个与螺旋桨旋转方向相反的反作用力矩，使无人机向左倾斜。当螺旋桨的转速发生变化时，这个反作用力矩也会发生变化的。为了平衡这个反作用力矩，可以将发动机进行右装，以抵消螺旋桨产生的右分量力矩。从机尾向机头方向看，电动机安装角一般为向右 3°～5° 的右拉角（适用于右旋螺旋桨）。一般情况下，螺旋桨越大，电动机右拉角越大。例如，前拉机型无人机在飞行过程中不断右偏转弯，则在确定所有舵面都在原位的情况下，调整电动机右拉角，无人机右偏转弯是因为电动机右拉角度太大，给右侧机翼压力太大，应将右拉角减小。

平凸翼型的无人机在飞行过程中，上下翼面在气流作用下产生的力矩差是一个向上的分量，即正向的升力，螺旋桨转速越快，无人机前进速度越快，产生的升力越大，无人机抬头上升，如果发动机产生的拉力一直是水平的，那么无人机就一直往上飞行。为了使无人机能保持

188

平飞，需要对发动机的拉力线进行下拉调整。为了使无人机在飞行中俯仰力矩平衡，电动机相对无人机纵轴一般有向下 1.5°～3° 的下拉角。但是要注意，沿拉力的力矩是随着驾驶员给出的油门的增大而增大的，因此这个角度的安装不一定是定值，可根据实际需要进行调整。例如，前拉机型无人机起飞沉头，尝试加大油门起飞反而更快沉头，此时应确保无人机重心与设计重心一致，并且所有舵面在原位；如果情况依旧，则表明电动机下拉角的角度过大，需减小下拉角的角度。

2）电调安装

电调的连接方法：电调的三芯插头（信号插头）直接插入接收机的油门通道；无刷电动机与电调的三条连接线没有固定的连接顺序，一般是先按顺序或导线的颜色连接，在试飞时如果发现电动机的旋转方向不对，可调换任意两条接线的位置。

电动无人机的开机操作顺序是先打开遥控器，确认油门操纵杆处于最低位置，然后接通动力电源。

开机后，电动机不会马上工作，要先对油门操纵杆处于最低位时进行确认，听到确认声以后，推动油门操纵杆，电动机才能正常工作。无人机如果开机时油门操纵杆不处于最低位置，遥控器和电调都会发出警告声，必须油门操纵杆回到最低位时才能启动确认程序。

当无刷电动机工作后如果发现油门操纵杆的操纵方向反了，应该先断开动力电源，然后通过遥控器上的舵机反向开关来改变电动机的旋转方向，然后重新启动。

3）螺旋桨安装

螺旋桨安装一般根据所配固定翼无人机的机型有不同要求，如某油动固定翼无人机采用木质螺旋桨，用螺纹连接固定，安装如图 4-3-2 所示，注意螺旋桨有字的一面应该朝向无人机前进的方向。

图 4-3-2　螺旋桨的安装

一、外围设备、工具的准备

为完成工作任务，每个工作小组需要向仓库工作人员提供借用工具清单（见表 4-3-2）。

表 4-3-2　固定翼无人机动力系统的组装借用工具清单

序号	名称	数量	借出时间	学生签名	归还时间	学生签名	管理员签名
1							
2							
3							
4							
5							
6							
7							

二、团队分配方案

还等什么？赶快制订出工作**计划**并**实施**它。

任务实施

一、为了更好地完成任务，你可能需要回答以下资讯

1. 固定翼无人机的动力系统主要分为＿＿＿＿＿＿＿系统和＿＿＿＿＿＿＿系统，常用的动力装置主要有＿＿＿＿＿＿＿发动机、＿＿＿＿＿＿＿发动机、＿＿＿＿＿＿＿发动机和＿＿＿＿＿＿＿发动机等。

2. 推重比是指无人机发动机＿＿＿＿＿＿＿与无人机飞行重力之比。该参数是衡量动力系统乃至整机性能的重要参数，对飞行性能有较大影响。

3. 翼载荷是无人机单位面积＿＿＿＿＿＿＿面所承受的＿＿＿＿＿＿＿力载荷。

4. 翼载荷小，飞行速度＿＿＿＿＿＿＿，无人机的操纵性和机动性较＿＿＿＿＿＿＿；翼载荷大，飞行速度＿＿＿＿＿＿＿，无人机的机动性较＿＿＿＿＿＿＿，但其飞行阻力＿＿＿＿＿＿＿，抗风性和穿透性较＿＿＿＿＿＿＿。

5. 简述固定翼无人机电动系统的选配流程。

二、工作任务实施

1. 固定翼无人机电动机的安装

查阅资料，按照固定翼无人机电动机安装的方法及步骤完成固定翼无人机电动机的安装。

在进行固定翼无人机电动机安装的过程中遇到了哪些问题，是如何处理的，记录在表 4-3-3 中。

表 4-3-3　固定翼无人机电动机安装情况记录表

所遇到的问题	解决方法

2. 固定翼无人机电调的安装

查阅资料，按照固定翼无人机电调安装的方法及步骤完成固定翼无人机电调的安装。

在进行固定翼无人机电调安装的过程中遇到了哪些问题，是如何处理的，记录在表 4-3-4 中。

表 4-3-4　固定翼无人机电调安装情况记录表

所遇到的问题	解决方法

3. 固定翼无人机螺旋桨的安装

查阅资料，按照固定翼无人机螺旋桨安装的方法及步骤完成固定翼无人机螺旋桨的安装。

在进行固定翼无人机螺旋桨安装的过程中遇到了哪些问题，是如何处理的，记录在表 4-3-5 中。

表 4-3-5　固定翼无人机螺旋桨安装情况记录表

所遇到的问题	解决方法

完成了？仔细检查，客观评价，及时反馈。

一、成果展示

各小组派代表上台总结在完成任务的过程中学会了哪些技能，发现错误后是如何改正的，并展示成果。

二、学生自我评估与总结

_____。

三、小组评估与总结

_____。

四、教师评估与总结

_____。

五、各小组对工作环境的 6S 现场管理

在小组和教师都完成工作任务总结以后，各小组必须对自己的工作环境进行 6S 现场管理，即整理、整顿、清扫、清洁、安全、素养；归还所借的工具和实习工件。

六、评价表

固定翼无人机动力系统的组装评价表如表 4-3-6 所示。

表 4-3-6　固定翼无人机动力系统的组装评价表

<table>
<tr><td colspan="2">班级：_____
小组：_____
姓名：_____</td><td colspan="5">指导教师：_____
日期：_____</td></tr>
<tr><td rowspan="2">评价项目</td><td rowspan="2">评价标准</td><td rowspan="2">评价依据</td><td colspan="3">评价方式</td><td rowspan="2">权重</td><td rowspan="2">得分小计</td></tr>
<tr><td>学生自评
20%</td><td>小组互评
30%</td><td>教师评价
50%</td></tr>
<tr><td>职业素养</td><td>1．遵守企业规章制度、劳动纪律
2．按时按质完成工作任务
3．积极主动承担工作任务，勤学好问
4．人身安全与设备安全
5．工作环境 6S 现场管理完成情况</td><td>1．出勤
2．工作态度
3．劳动纪律
4．团队协作精神</td><td></td><td></td><td></td><td>0.3</td><td></td></tr>
<tr><td>专业能力</td><td>1．能掌握固定翼无人机电动系统的选配要求和组装要求
2．会进行固定翼无人机电动机的安装
3．会进行固定翼无人机电调的安装
4．会进行固定翼无人机螺旋桨的安装</td><td>1．操作的准确性和规范性
2．任务或项目技术总结完成情况
3．专业技能任务完成情况</td><td></td><td></td><td></td><td>0.5</td><td></td></tr>
<tr><td>创新能力</td><td>1．在任务完成过程中能提出有一定见解的方案
2．在教学或生产管理上提出具有创新性的建议</td><td>1．方案的可行性及意义
2．建议的可行性</td><td></td><td></td><td></td><td>0.2</td><td></td></tr>
<tr><td>合计</td><td></td><td></td><td></td><td></td><td></td><td></td><td></td></tr>
</table>

任务 4　固定翼无人机软件内部参数的调整

 学习目标

知识目标：
1．能了解固定翼无人机 PID 参数调整的意义。
2．能掌握固定翼无人机常用的飞行模式。
3．能掌握固定翼无人机调参软件的安装及使用方法。

能力目标：
1．会进行固定翼无人机飞控系统的调试。
2．会进行固定翼无人机遥控器和接收机的调试。
3．会进行固定翼无人机动力系统的调试。

固定翼无人机完成整机的组装和机械结构调试后，在试飞前后都要连接飞控进行参数调试。本任务的主要内容就是：通过学习掌握固定翼无人机连接飞控的参数调试的方法，并能根据要求完成固定翼无人机软件内部参数的调整。

 相关知识

一、PID 控制

PID 控制理论及各参数的意义，在"多旋翼无人机的组装与调试"章节已有介绍，本任务主要对在固定翼无人机飞行中各参数的意义进行介绍。

在完整的固定翼飞控系统中，通过 PID 参数设置，对无人机飞行过程中的航向、飞行姿态、飞行速度和飞行高度等多个状态进行控制，一般控制通道包括方向、副翼舵、横滚角、升降舵、目标俯仰角、高度差、油门舵、空速、目标航向和偏航距等。

在固定翼无人机飞行的航线控制中，状态值是当前飞行的航向，最初设定的目标值是目标航向，通过控制量来使状态值不断靠近目标值。这里的控制量就是无人机飞行过程中实际控制的方向舵面及横滚角。

根据目标值与状态值的差异，给出控制量是方向舵，即 PID 控制中的比例控制（P）项。在有了比例控制项的情况下，无人机可以朝着目标值去接近，在最初状态时，飞行航向和目标航向一致，此时 P 输出一个值以控制方向舵在中位。但是由于无人机系统存在一定的安装偏差，因此实际飞行状态将偏离目标值，于是 P 会输出一个右舵修正航向的偏差，当偏差量小时，P 输出的值也小，此时若无人机继续左偏，P 输出值会持续加大，以使无人机沿着偏左的航线直飞，但是此时飞行的航向与目标航向仍然存在偏差，因此需要引入积分控制（I）项。

I 项的意义在于消除当前航向和目标航向的偏差，计算一次累加一次，一直累加到上次的值。该值加上这次计算时当前航向和目标航向的偏差的和与以前的累积误差有关。当飞行航向与目标航向始终存在 I 项时，将这个值累加上，即在 P 项上叠加一个 I 项修正量，那么当前航向与目标航向的偏差就会很小。经过多次计算后，I 项始终输出修正值，使误差归零。这就是 I 项的作用，即消除系统误差。

但是，只有 P 项和 I 项是不能保证无人机的实际航线回到目标航线的。其原因是无人机具有惯性，其在左转弯时产生了一个左转弯的速率，导致其回到目标航向无偏差且方向舵回中后，还会继续左转，然后产生负的偏差，P 项再输出右方向舵，方向舵再回中。当 P 项输出值合适时，飞行航线逐渐靠拢目标航线，出现先左过头，再右过头，反复几次后过头量越来越小的情况，最终到达目标航向。积分控制（D）项的作用就是尽量消除这个过头量，提前给出一个修正量，使无人机尽快贴近目标航向，飞行更平稳且控制更准确。因此，当方向舵量通过比例控制（P）、积分控制（I）和微分控制（D）后，可根据实际飞行表现，对 P、I、D 系数进行调整，最终使输出的控制量能够尽快控制状态值贴近目标值，并消除系统误差，避免过度振荡。

二、常用的飞行模式

以固定翼无人机常用的 Pixhawk 飞控为例，常用的飞行模式主要有以下几种。

1. 手动模式

手动模式下的无人机既不启用导航系统，也不启用自动驾驶仪中的传感器，完全凭借操纵者对遥控器操纵杆舵量的控制来操控飞行姿态。

2. 增稳模式

增稳模式主要有 FBWA 和 FBWB 两种。

对于新手来说，FBWA 是最好用和最简单的模式。在该模式下在不操纵遥控器时，无人机会自动平飞，相对机身的倾斜与机动会变得不容易。但是要注意，在该模式下，无人机飞行的高度是不能自动控制的，是通过操纵油门操纵杆手动控制的，油门范围由 THR MIN 和 THR MAX 限制。

FBWB 模式在控制机身水平的同时控制了高度，如果将副翼向右猛打方向，无人机会保持它的升降舵水平，同时会根据设定的参数向右倾侧，无人机不能以超过上述的设定角度倾侧，也不可能使无人机以超出设定的角度俯仰。

3. 巡航模式

巡航模式是自动控制高度、速度和方向的一种飞行模式，这个模式比 FBWB 模式操作简单是因为增加了机头锁定方向的功能，并且油门量是根据巡航的速度参数表来设定的。

4. 留待模式

在留待模式下无人机将定点盘旋，盘旋的半径由 WP LOITER_RAD 参数确定。

5. 返航模式

在手动模式或巡航模式下，无人机超视距飞行，驾驶员看不到无人机，此时通过遥控器切换至返航模式，无人机即可自动飞回起飞点，返航时的飞行高度是由 ALT HOLD RTL 参数确定的。

三、重要参数

对于固定翼无人机，Pixhawk 的重要参数如下。

（1）ARMING　REQUIRE：数值为 0，表示取消油门解锁功能；数值为 1，表示解锁前的油门 PWM 最低值；数值为 2，表示解锁前油门没有 PWM 值电调提醒。

（2）FLTMDOE_CH8：飞行模式通道（APM 默认飞行模式是 8 通）。

（3）AHRS TRIM Y：飞控水平补偿，为正值时无人机仰头。

（4）LIM PITCH MAX：最大仰角限制。

（5）LIM PITCH_MIN：最大俯角限制。

（6）LIM ROLL CD：左右侧倾限制。

（7）MIXING GAIN：混控增益。

（8）ALT HOLD RTL：无人机返航时的高度，设置为 −1 表示使用当前返航高度，单位为 cm。

（9）BATT CAPACITY：满电时的电池容量。

（10）TRIM_THROTTLE：巡航时的油门设置。

（11）WP LOITER RAD：固定翼无人机定点盘旋半径的大小。

四、调参软件

Pixhawk 飞控可使用 Mission Planner 软件进行调试。安装完 Mission Planner 和驱动后，就可以开始启动 Misson Planner 主程序了。Mission Planner 启动后呈现的是一个多功能飞行数据仪表界面。

固件安装前应先连接 APM 的 USB 线到计算机，确保计算机已经识别到 APM 的 COM 口后，在 Mission Planner 主界面的右上方的下拉列表框里选择对应的 COM 口，一般正确识别的 COM 口都有 Arduino mega2560 标识，直接选择带这个标识的 COM 口，然后设置波特率为"115200"。

此时还不用单击"连接"选项，应先加载固件程序。Mission Planner 提供了两种升级安装固件的方式。一种是 Install Firmware 手动模式；另一种是 Wizard 向导模式。Wizard 向导模式会以对话框的方式一步步提示驾驶员选择对应的飞控、飞行模式等。选择固定翼无人机的固件下载并安装，如图 4-4-1 所示，完成后单击"连接"选项。

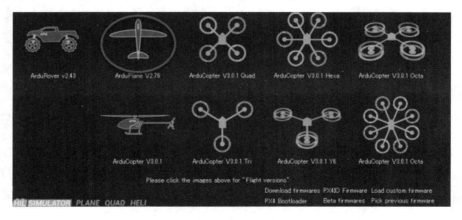

图 4-4-1　固定翼无人机固件安装

固定安装完成后需要进行遥控器校准、加速计校准、指南针校准。具体的校准步骤及其他任务设置详见"多旋翼无人机的组装与调试"章节。完成校准后即可进行航线任务规划及其他设置。

一、外围设备、工具的准备

为完成工作任务，每个工作小组需要向仓库工作人员提供借用工具清单（见表4-4-1）。

表 4-4-1　固定翼无人机软件内部参数的调整借用工具清单

序号	名称	数量	借出时间	学生签名	归还时间	学生签名	管理员签名
1							
2							
3							
4							
5							
6							
7							

二、团队分配方案

还等什么？赶快制订出工作计划并实施它。

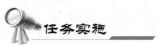

一、为了更好地完成任务，你可能需要回答以下资讯

1．巡航模式是自动控制＿＿＿＿＿＿、＿＿＿＿＿＿和＿＿＿＿＿＿的一种飞行模式，这个模式比FBWB模式操作简单是因为增加了＿＿＿＿＿＿锁定方向功能，并且油门量是根据巡航的速度参数表来设定的。

2．在手动模式或巡航模式下，无人机超视距飞行，驾驶员看不到无人机，此时来通过遥控器＿＿＿＿＿＿模式，无人机即可自动飞回起飞点，返航时的飞行＿＿＿＿＿＿是由 ALT HOLD RTL 参数确定的。

3．在留待模式下无人机将＿＿＿＿＿＿盘旋，盘旋的半径由 WP LOITER_RAD 参数确定。

4．在完整的固定翼飞控系统中，通过＿＿＿＿＿＿参数设置，对无人机飞行过程中的航向、飞行姿态、飞行速度和飞行高度等多个状态进行控制。

二、工作任务实施

1. 固定翼无人机飞控系统的调试

查阅资料，按照固定翼无人机飞控系统的方法及步骤完成固定翼无人机飞控系统的调试。

在进行固定翼无人机飞控系统调试的过程中遇到了哪些问题，是如何处理的，记录在表 4-4-2 中。

表 4-4-2　固定翼无人机飞控系统调试情况记录表

所遇到的问题	解决方法

2. 固定翼无人机遥控器和接收机的调试

查阅资料，按照固定翼无人机遥控器和接收机的方法及步骤完成固定翼无人机遥控器和接收机的调试。

在进行固定翼无人机遥控器和接收机调试的过程中遇到了哪些问题，是如何处理的，记录在表 4-4-3 中。

表 4-4-3　固定翼无人机遥控器和接收机调试情况记录表

所遇到的问题	解决方法

3. 固定翼无人机动力系统的调试

查阅资料，按照固定翼无人机动力系统的方法及步骤完成固定翼无人机动力系统的调试。

在进行固定翼无人机动力系统调试的过程中遇到了哪些问题，是如何处理的，记录在表 4-4-4 中。

表 4-4-4　固定翼无人机动力系统调试情况记录表

所遇到的问题	解决方法

完成了？仔细**检查**，客观**评价**，及时**反馈**。

一、成果展示

各小组派代表上台总结在完成任务的过程中学会了哪些技能，发现错误后是如何改正的，并展示成果。

二、学生自我评估与总结

_____。

三、小组评估与总结

_____。

四、教师评估与总结

_____。

五、各小组对工作环境的 6S 现场管理

在小组和教师都完成工作任务总结以后，各小组必须对自己的工作环境进行 6S 现场管理，即整理、整顿、清扫、清洁、安全、素养；归还所借的工具和实习工件。

六、评价表

固定翼无人机软件内部参数的调整评价表如表 4-4-5 所示。

表 4-4-5　固定翼无人机软件内部参数的调整评价表

班级：_____ 小组：_____ 姓名：_____		指导教师：_____ 日期：_____					
评价项目	评价标准	评价依据	评价方式			权重	得分小计
			学生自评 20%	小组互评 30%	教师评价 50%		
职业素养	1. 遵守企业规章制度、劳动纪律 2. 按时按质完成工作任务 3. 积极主动承担工作任务，勤学好问 4. 人身安全与设备安全 5. 工作环境 6S 现场管理完成情况	1. 出勤 2. 工作态度 3. 劳动纪律 4. 团队协作精神				0.3	
专业能力	1. 会进行固定翼无人机飞控系统的调试 2. 会进行固定翼无人机遥控器和接收机的调试 3. 会进行固定翼无人机动力系统的调试	1. 操作的准确性和规范性 2. 任务或项目技术总结完成情况 3. 专业技能任务完成情况				0.5	
创新能力	1. 在任务完成过程中能提出有一定见解的方案 2. 在教学或生产管理上提出具有创新性的建议	1. 方案的可行性及意义 2. 建议的可行性				0.2	
合计							

任务5　固定翼无人机硬件调试与试飞

知识目标：

1. 能掌握固定翼无人机的重心调试方法。
2. 能掌握固定翼无人机安装角调试方法。
3. 能掌握固定翼无人机舵量调试方法。
4. 能掌握固定翼无人机拉力线调试方法。
5. 能掌握固定翼无人机动力系统调试方法。

能力目标：

1. 会进行固定翼无人机重心调试。
2. 会进行固定翼无人机安装角调试。
3. 会进行固定翼无人机的舵量调试。
4. 会进行固定翼无人机的拉力线调试。

 工作任务

固定翼无人机调试是指完成组装后，按设计要求对相关结构或部件进行调试，以使无人机满足基本的飞行要求。一般来说，按照设计要求进行的首次调试并不能达到理想的效果，还需要有经验的技术人员根据实际情况进行后续调试。本任务的主要内容就是：通过学习，掌握固定翼无人机重心、安装角、舵量和拉力线和动力系统的调试方法，并能根据要求完成固定翼无人机硬件调试与试飞。

 相关知识

一、调试重心

固定翼无人机的重心调试是指完成组装后，将无人机的重心调试到设计范围内，而且要使其总质量不超过设计的最大起飞质量。无人机各部件重力的合力的作用点称为重心。

固定翼无人机重心的位置对其飞行性能、稳定性和操纵性影响较大，因此在每次组装完成后应先要进行重心调试。重心位置一般是在无人机气动设计时，由压力中心、焦点位置及操纵性能要求决定的，不同机型的重心的位置是不同的。一般来说，固定翼无人机的重心设计在机翼前缘往后的1/3处。根据设计要求，为了达到平衡，一般通过调整设备放置位置或利用配重完成重心调试。

1. 轻微型无人机确定重心方法

1）手托法

手托法是指用两根手指从两侧机翼下表面相同位置托起无人机，反复更改手指位置，当无人机正好处于水平平衡时，手指所托的位置即前后重心位置。在测试和查找轻微型无人机重心位置时常用此方法。

2）试飞法

试飞法是指用手抓住机身重心稍靠后的位置，机头稍低于水平线，逆风，沿机身方向将无人机轻轻掷出。注意手掷无人机时手臂不能画弧线，应沿机身方向的直线方向轻轻掷出。此方法适用于质量较轻、结构较稳固、抗摔的无人机。无人机掷出后可能出现 3 种滑翔姿态，如图 4-5-1 所示。

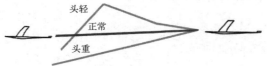

图 4-5-1　无人机滑翔姿态

无人机滑翔过程中，出现波状飞行，属于不正常飞行；向下飞说明无人机头重，向上飞后再向下说明无人机头轻；若平稳下滑，则说明无人机飞行正常。在实际试飞过程中，还会其他情况，只有找到产生这种情况的原因才能进行正确纠正。

【现象 1】 无人机被掷出后向上急升，随后失速坠地。

无人机被掷出后向上急升，随后失速坠地现象的产生原因及纠正方法如表 4-5-1 所示。

表 4-5-1　产生原因及纠正方法

序号	产生原因	纠正方法
1	机头过轻或机尾过重	增加机头质量，调试重心位置
2	机翼有正安装角且角度过大	调小机翼正安装角
3	掷出速度过快	减小掷出速度
4	手掷时机头抬得过高	掷出无人机时使机头稍向下

【现象 2】 无人机被掷出后呈波状飞行，滑翔至地面时出现微小波状。

无人机被掷出后呈波状飞行，滑翔至地面时出现微小波状现象的产生原因及纠正方法如表 4-5-2 所示。

表 4-5-2　产生原因及纠正方法

序号	产生原因	纠正方法
1	机翼有正安装角且角度偏大	调小机翼正安装角，调试量应较小
2	水平尾翼有负安装角	将水平尾翼安装角调为零

【现象 3】 无人机被掷出后很快俯冲到地上。

无人机被掷出后很快俯冲到地上现象的产生原因及纠正方法如表 4-5-3 所示。

表 4-5-3　产生原因及纠正方法

序号	产生原因	纠正方法
1	机头过重	减轻机头质量，调试重心位置
2	机翼有较大的负安装角	将机翼安装角调试为正
3	水平尾翼有较大的负安装角	调小水平尾翼负安装角

【现象 4】无人机被掷出后急速向左或右倾斜坠地。

无人机被掷出后急速向左或右倾斜坠地现象的产生原因及纠正方法如表 4-5-4 所示。

表 4-5-4　产生原因及纠正方法

序号	产生原因	纠正方法
1	机翼两边质量不等	在左右翼尖添加配重
2	两边机翼的安装角不等	重新安装，使两边机翼安装角相等
3	两边机翼上反角不等	重新安装，使两边机翼上反角相等
4	水平尾翼变形，垂直尾翼的面积过小	调试水平尾翼形状，适当增大垂直尾翼面积

2．中小型无人机确定重心方法

1）称量法

称量法主要有千斤顶称重法和机轮称重法。常用的是机轮称重法，即将 3 台电子秤平台分别置于无人机起落架的 3 个机轮下，称量出 3 个点的质量值，再用三角形算法，计算重心的位置。该方法计算过程较复杂，在此不展开介绍。

2）试飞法

试飞法是指在无人机组装完成后，通过试飞进一步确定重心位置是否符合设计要求。试飞的一般操作是使无人机飞行爬升至一定高度后，保持平飞，然后关闭油门，观察无人机飞行状态，无人机呈略低头缓慢滑降为最佳。若无人机直接栽头，则说明其重心偏前；若无人机呈波状飞行，则说明无人机重心偏后。根据无人机飞行状态，在其降落后通过配重调试其重心。

3．调试重心的方法

通过上述方法确定无人机重心位置后，再与设计重心位置进行比较，对不符合设计重心位置要求的无人机，一般要进行重心调试。

对于电动无人机，一般通过调整电池的安装位置来进行重心的调试。若调整电池安装位置后还不能满足要求，则要通过调整无人机上的机载设备的位置来调试重心位置，调试原则是不能影响机载设备的连线及使用。

对于无法通过改变内部设备位置来调试重心位置的油动无人机，可以通过增加配重的方式进行调试，一般使用薄的铅片作为配重，用双面胶或其他方式将其固定在合适位置。

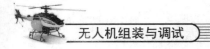

二、调试安装角度

安装角调试是指在无人机按要求完成重心调试后，对安装角进行测量和调试。

安装角是影响机翼气动特性的参数之一，对升力系数、零升力角、失速迎角和巡航阻力均有影响，并且影响无人机的起飞滑跑距离。

调试安装角时不仅要检查安装角的角度是否正确、机翼两边是否对称、是否符合技术文件要求，还应注意尾翼的安装角也要符合设计要求，通过测量和试飞的方法完成调试。

1. 上反角/下反角调试

除对安装角进行测量外，还应该对设计要求中的其他角度进行测量，如上反角/下反角。对于上反角/下反角，在安装过程中要严格遵守设计要求，如安装是否对称、角度是否符合要求等。若发现不符合要求，必须进行调试，必要时应拆卸后重新安装。

2. 后掠角调试

后掠角的调试也应严格遵守设计要求，主要测量后掠角的角度是否正确、安装是否对称等。若发现不符合要求，必须进行调试，必要时应拆卸后重新安装。

三、调试舵量

在无人机组装完成后，需要调试各舵面行程的大小。例如，某1600mm翼展的无人机完成组装后，舵量太大或太小都会影响无人机的操纵性。

一般无人机的产品说明书都会提供其舵量调试大小的数据，初次试飞应参考该值。试飞后，可根据飞行情况及个人的操纵习惯，对舵量进行调试。

副翼、升降舵、方向舵的航量标准没有绝对的规定，在调试过程中应注意不能一次调试到位，而是每次调试一个小数量，一般要经过几次调试后才能达到理想状态。

一般情况下，中型无人机在出厂时就已完成舵量调试，驾驶员只需从遥控器的计算机系统中对调舵面行程大小进行调试，不需要直接调试舵机及机械连接部分。

小型及以下的固定翼无人机由于质量轻、结构相对简单，舵机是采用普通设备进行连接的，驾驶员一般是通过调试舵面摇臂和舵机摇臂安装孔的位置来完成舵量调试的。

舵机摇臂的安装孔越靠外行程越大，越靠里行程越小；舵面摇臂的安装孔越靠外行程越小，越靠里行程越大，两者可以同时适度调试。

四、调试拉力线

拉力线与无人机机身轴线的夹角一般是右拉角和下拉角，主要是为了平衡螺旋桨的反作用力矩和过多的升力，一般无人机的产品说明书中会给出安装角的规定。但是需要注意，反作用力矩不是固定值，会随着电动机转速的变化而变化，电动机转速越快反作用力矩越大。升力也不是固定值，会随着无人机速度的变化而变化，速度越快升力越大。因此安装角的数值并不是一直不变的，按照参考数值安装即可。对于有经验的驾驶员或有特殊飞行要求的无人机，可对拉力线进行适当调试。

五、调试动力系统

固定翼无人机的动力系统分为油动与电动。电动固定翼无人机的动力系统包括螺旋桨、电动机、电调和电池；油动固定翼无人机的动力系统中的油路、电路较复杂，在调试发动机性能时需要将无人机作业环境的湿度、温度、海拔等多种因素考虑在内，以使发动机获得稳定的怠速及高速飞行时的动力性能。

本任务使用的机型的动力系统是电动的，故只对电动机的调试进行说明。

上文已经对无人机电动系统的选型和安装要点进行了介绍，在调试阶段，主要是通过飞控对电动机进行校准调试，该调试过程可参考项目三的任务6。

在调试电动系统时，还要注意检查以下三方面。

（1）无刷电动机工作是否顺畅。

（2）螺旋桨是否完好无损。

（3）陀螺仪和指南针是否准确。

前两项可以通过观察外表进行检查，陀螺仪和指南针是决定无人机飞行时的方向和位置的，可以在自检程序中检查。除此之外还要检查无人机的电池、遥控器等是否已经充满电，如果电池电量不足，会使无人机在飞行过程中断电，从而不能及时返航。

一、外围设备、工具的准备

为完成工作任务，每个工作小组需要向仓库工作人员提供借用工具清单（见表4-5-5）。

表4-5-5　固定翼无人机硬件调试与试飞借用工具清单

序号	名称	数量	借出时间	学生签名	归还时间	学生签名	管理员签名
1							
2							
3							
4							
5							
6							
7							

二、团队分配方案

还等什么？赶快制订出工作**计划**并**实施**它。

任务实施

一、为了更好地完成任务，你可能需要回答以下资讯

1. 固定翼无人机的重心调试是指完成组装后，将无人机的_____调试到设计范围内，而且要使其_____不超过设计的最大起飞质量。无人机各部件重力的_____的作用点称为重心。

2. 重心位置一般是在无人机气动设计时，由_____中心、_____位置及_____性能要求决定的，不同机型的重心的位置是不同的。

3. 一般来说，固定翼无人机的重心设计在机翼前缘往后的_____处。

4. 手托法是指用两根手指从两侧机翼下表面_____位置托起无人机，反复更改手指位置，当无人机正好处于水平平衡时，手指所托的位置即_____重心位置。测试和查找_____型无人机重心位置时常用此方法。

5. 试飞法是指用手抓住机身_____稍靠后的位置，机头稍低于_____线，逆风，沿_____方向将无人机轻轻掷出。

6. 安装角调试是指在无人机按要求完成重心调试后，对安装角进行_____和_____。

7. 简述固定翼无人机飞出后向上急升，随后失速坠地的原因及调试纠正方法。

二、工作任务实施

1. 固定翼无人机重心调试

查阅资料，按照固定翼无人机重心调试的方法及步骤完成固定翼无人机重心的调试。
在进行固定翼无人机重心调试的过程中遇到了哪些问题，是如何处理的，记录在表 4-5-6 中。

表 4-5-6　固定翼无人机重心调试情况记录表

所遇到的问题	解决方法

2．固定翼无人机安装角调试

查阅资料，按照固定翼无人机安装角调试的方法及步骤完成固定翼无人机安装角的调试。

在进行固定翼无人机安装角调试的过程中遇到了哪些问题，是如何处理的，记录在表 4-5-7 中。

表 4-5-7　固定翼无人机安装角调试情况记录表

所遇到的问题	解决方法

3．固定翼无人机舵量调试

查阅资料，按照固定翼无人机舵量调试的方法及步骤完成固定翼无人机的舵量调试。

在进行固定翼无人机舵量调试的过程中还遇到了哪些问题，是如何处理的，记录在表 4-5-8 中。

表 4-5-8　固定翼无人机舵量调试情况记录表

所遇到的问题	解决方法

4．固定翼无人机拉力线调试

查阅资料，按照固定翼无人机拉力线调试的方法及步骤完成固定翼无人机的拉力线调试。

在进行固定翼无人机拉力线调试的过程中遇到了哪些问题，是如何处理的，记录在表 4-5-9 中。

表 4-5-9　固定翼无人机拉力线调试情况记录表

所遇到的问题	解决方法

完成了？仔细检查，客观评价，及时反馈。

任务评价

一、成果展示

各小组派代表上台总结在完成任务的过程中学会了哪些技能，发现错误后是如何改正的，并展示成果。

二、学生自我评估与总结

_____。

三、小组评估与总结

_____。

四、教师评估与总结

_____。

五、各小组对工作环境的 6S 现场管理

在小组和教师都完成工作任务总结以后，各小组必须对自己的工作环境进行 6S 现场管理，即整理、整顿、清扫、清洁、安全、素养；归还所借的工具和实习工件。

六、评价表

固定翼无人机硬件调试与试飞评价表如表 4-5-10 所示。

表 4-5-10　固定翼无人机硬件调试与试飞评价表

班级：_____ 小组：_____ 姓名：_____		指导教师：_____ 日期：_____					
评价项目	评价标准	评价依据	评价方式			权重	得分小计
			学生自评 20%	小组互评 30%	教师评价 50%		
职业素养	1. 遵守企业规章制度、劳动纪律 2. 按时按质完成工作任务 3. 积极主动承担工作任务，勤学好问 4. 人身安全与设备安全 5. 工作环境 6S 现场管理完成情况	1. 出勤 2. 工作态度 3. 劳动纪律 4. 团队协作精神				0.3	
专业能力	1. 会进行固定翼无人机重心调试 2. 会进行固定翼无人机安装角调试 3. 会进行固定翼无人机的舵量调试 4. 会进行固定翼无人机的拉力线调试	1. 操作的准确性和规范性 2. 任务或项目技术总结完成情况 3. 专业技能任务完成情况				0.5	
创新能力	1. 在任务完成过程中能提出有一定见解的方案 2. 在教学或生产管理上提出具有创新性的建议	1. 方案的可行性及意义 2. 建议的可行性				0.2	
合计							

项目五

无人直升机的组装与调试

 项目目标

知识目标：

1. 能掌握无人直升机的基本结构。

2. 能掌握无人直升机机身系统的组装方法及步骤。

3. 能掌握无人直升机动力系统的组装方法及步骤。

4. 能掌握无人直升机遥控装置的组装方法及步骤。

5. 能掌握无人直升机软件内部参数的调整方法。

6. 能掌握无人直升机硬件调试与试飞测试的内容、方法和步骤。

能力目标：

1. 会根据实物及照片分辨出常见无人直升机的硬件名称。

2. 会进行无人直升机机身系统的组装。

3. 会进行无人直升机动力系统的组装。

4. 会进行无人直升机遥控装置的组装。

5. 会进行无人直升机软件内部参数的调整。

6. 会进行无人直升机硬件调试与试飞。

 项目描述

无人机直升机可以说是无人机系统中较为复杂的一种飞行器，其复杂性主要体现在两方面——旋翼结构系统和配套的传动系统。虽然无人直升机结构复杂，但是其具有出色的悬停性能，以及良好的机动性，因此其在市面上始终存在着独有的客户。本项目将围绕无人直升机结构与受载形式，介绍无人直升机各结构的作用原理与组装特点，从而使读者更好地掌握无人直升机的基本组装与调试能力。本项目主要包括：认识无人直升机、无人直升机机身系统的组装、无人直升机动力系统的组装、无人直升机遥控装置的组装、无人直升机软件内部参数的调整、无人直升机硬件调试与试飞 6 个任务，要求通过 6 个任务的学习，进一步掌握无人直升机的基本结构，同时掌握无人直升机的机身系统、动力系统、遥控装置的组装方法，以及无人直升机软件内部参数的调整方法，并学会无人直升机硬件调试与试飞等相关操作技能。

任务 1　认识无人直升机

学习目标

知识目标：

1. 能掌握无人直升机的结构和基本构造。
2. 能掌握无人直升机的性能与操作。
3. 能了解无人直升机的组装步骤。

能力目标：

1. 能绘制无人直升机的安装流程图。
2. 会分辨无人直升机硬件的名称。

工作任务

　　在正式进行无人直升机的组装与调试前，应对无人直升机的基本构造和操纵性能等内容有基本认识，进而在组装过程中，清楚各组装部件对整机性能及飞行稳定性的影响。无人直升机的调试与多旋翼无人机和固定翼无人机的调试特点不同，无人直升机的机械结构复杂，整体结构的装配调试效果直接影响整机性能及飞行稳定性。本任务的主要内容就是：通过学习掌握无人直升机的构型和基本结构，并能通过实物和图片分辨出常见无人直升机硬件结构的名称。

相关知识

一、无人直升机的种类

　　无人直升的种类如表 5-1-1 所示。

表 5-1-1　无人直升机的种类

分类方式	种类
按平衡旋翼反扭矩的方式分	可分为单旋翼带尾桨无人直升机、纵列式双旋翼无人直升机、横列式双旋翼无人直升机、共轴式双旋翼无人直升机等
按驱动旋翼的方式分	可分为机械驱动式无人直升机、喷气驱动式无人直升机
按提供升力和拉力的方式分	可分为正常型式无人直升机、带翼式无人直升机和复合式无人直升机等

　　无人直升机简图如图 5-1-1 所示。

　　常见无人直升机种类如图 5-1-2 所示。

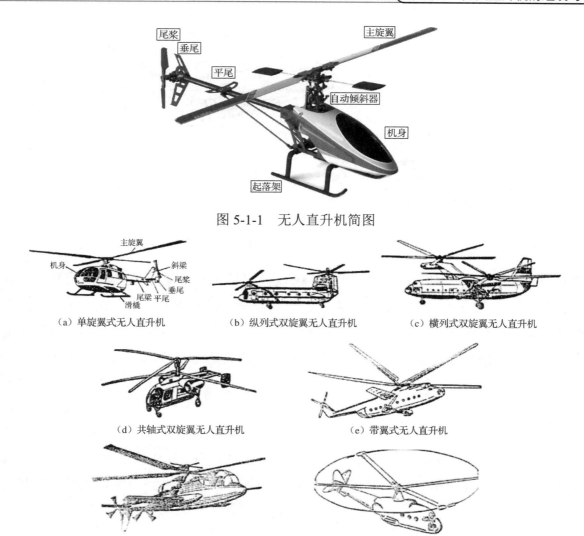

图 5-1-1　无人直升机简图

（a）单旋翼式无人直升机　　（b）纵列式双旋翼无人直升机　　（c）横列式双旋翼无人直升机

（d）共轴式双旋翼无人直升机　　　　　（e）带翼式无人直升机

（f）复合式无人直升机　　　　　（g）喷气驱动式无人直升机

图 5-1-2　常见无人直升机种类

二、无人直升机的基本结构

无人直升机由机身、主旋翼、尾桨、起落架、动力系统和操纵系统等组成。

1. 主旋翼

主旋翼是无人直升机的主要升力部件，本质上是一个能量转换部件，把发动机产生的旋转动能转换成旋翼的拉力。无人直升机在飞行过程中，旋翼产生的拉力一部分用于克服直升机的重力，一部分为无人直升机的运动提供动力。旋翼起到类似于固定翼无人机机翼的作用，同时有固定翼无人机的副翼和升降舵的作用。改变无人直升机的飞行状态，主要是通过改变主旋翼拉力的大小和方向来实现的。无人直升机的绝大多数性质，如稳定性、灵活性，是由主旋翼结构决定的。

无人直升机的旋翼由桨毂和 2～8 片桨叶组成。旋翼的结构形式主要是指旋翼的桨叶和桨毂的连接方式，其中最典型的结构形式是铰接式旋翼，如图 5-1-3 所示。

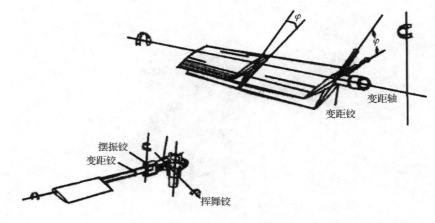

图 5-1-3 铰接式旋翼

桨叶通过桨毂上的挥舞铰（水平铰）、摆振铰（垂直铰）及变距铰（轴向铰）与旋翼轴相连，通过 3 个铰实现桨叶挥舞、摆振和变距运动。这些铰有不同的排列方式，一般通过金属滚动轴承实现构件之间的相对运动。桨叶绕挥舞铰的上下运动称为挥舞运动；绕摆振铰的前后运动称为摆振运动；绕变距铰的转动称为变距运动。桨叶的切面形状同机翼的切面形状相似，称为桨叶翼型。

2. 尾桨

无人直升机的尾桨通过旋转产生推力，以平衡主旋翼产生的反扭矩。单旋翼无人直升机的旋翼旋转产生升力，并对机身产生反扭矩，反扭矩迫使无人直升机向与旋翼旋转方向相反的方向偏转，如图 5-1-4 所示。因此，大多无人直升机上都需要安装尾桨。

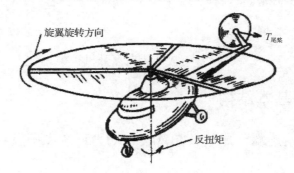

图 5-1-4 尾桨平衡反扭矩

尾桨的功能是平衡旋翼的反扭矩，改变尾桨的推力（或拉力），实现无人直升机航向的控制，对航向起稳定作用，以及提供一部分升力。

尾桨一般安装在尾梁后部或尾斜梁或垂尾上。低置尾桨可以降低传动系统的复杂性，有助于降低结构质量，但容易使无人机受到气动干扰。高置尾桨可以降低无人机受到的气动干扰，提高尾桨效率，但结构复杂。尾桨分为推式尾桨和拉式尾桨，尾桨拉力方向指向无人直升机的对称面的为推式尾桨；反之为拉式尾桨。

3．动力系统

无人直升机的动力系统用于将发动机的动力传递给主旋翼和尾桨。无人直升机动力系统通过使主旋翼转动来产生升力，通过使尾桨协调转动平衡反扭矩，是无人直升机最重要的系统之一，主要包括主减速器、传动轴、尾减速器及中间减速器。

1）主减速器

主减速器是动力系统的核心部件，传递的功率和减速比大。主减速器的输入轴与发动机的输出轴相连，输出轴就是固定旋翼轴。除输入轴、输出轴外主减速器还有带动尾传动轴的输出轴。

2）传动轴

传动轴包括动力输入轴和尾传动轴。动力输入轴连接发动机与主减速器，主减速器通过尾传动轴向尾桨传递功率。为了补偿制造及安装误差、机体变形及环境的影响，传动轴往往还带有各种联轴节。细长的尾传动轴必须通过若干个轴承支撑在机体上。

3）尾减速器及中间减速器

尾减速器是将功率传递给尾桨的部件，其输入轴与尾传动轴相连，一般由一对伞齿轮组成，输入轴与输出轴的夹角一般为90°。由于尾桨转速较高，所以尾减速器的减速比不大。当尾传动轴有转折时需要布置一个中间减速器。中间减速器主要由一对伞齿轮组成，夹角取决于尾传动轴转折的要求，减速比一般为1。某些轻型无人直升机常用一对甚至一个万向接头来代替中间减速器。

4．操纵系统

操纵系统是无人直升机的重要部件之一，驾驶员必须通过操纵系统来控制无人直升机的飞行，保持或改变无人直升机的平衡状态。无人直升机的空间有6个自由度，但实际只需5个操纵，即总矩操纵、变矩操纵、纵向操纵、横向操纵和航向操纵。

无人直升机上用以操纵旋翼实现升降、前后、左右运动的特殊装置为自动倾斜器，又称十字盘。1911年由俄国人H.尤里耶夫发明，后被所有无人直升机采用。十字盘一般由类似轴承的旋转（外）环和不旋转（内）环组成（见图5-1-5），它通过万向接头或球铰套在旋翼轴上，不旋转环通过操纵拉杆与驾驶舱中的驾驶杆和总距杆相连，旋转环通过变距拉杆与桨叶相连。十字盘无倾斜时，各片桨叶在旋转时桨距保持恒定；当它被操纵倾斜时，则每片桨叶在旋转中周期性地改变桨距。变距拉杆转至十字盘上位时桨距加大，桨叶向上挥舞；转至十字盘下位时桨距减小，桨叶向下挥舞。从而实现旋翼旋转面倾斜，使旋翼合力倾斜，产生一水平分力（见图5-1-6）。无人直升机的前后和左右方向的飞行运动就是通过这种操纵实现的，称为周期变距操纵。驾驶员操纵（提或压）总距杆使十字盘沿旋翼轴平行向上或向下滑动。各片桨叶的桨距将同时增大或减小，使旋翼的升力增大或减小，无人直升机随之上升或下降。这种操纵称为总距操纵。

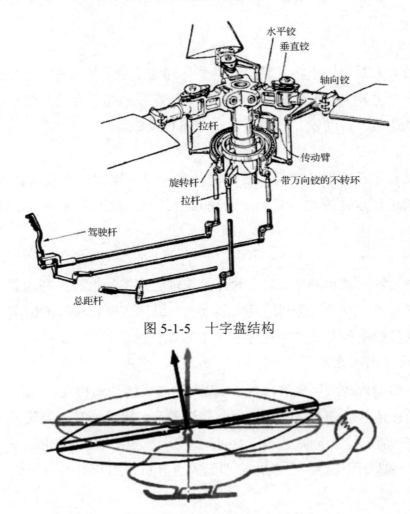

水平铰
垂直铰
轴向铰
拉杆
传动臂
旋转杆
带万向铰的不转环
拉杆
驾驶杆
总距杆

图 5-1-5　十字盘结构

图 5-1-6　桨叶挥舞运动形成旋翼旋转面的倾斜

三、无人直升机与固定翼无人机的主要特点对比

固定翼无人机的升力面是机翼，操纵面是升降舵、方向舵和副翼。升降舵控制无人机绕横轴旋转，控制机头向上或者向下；方向舵控制无人机绕立轴旋转，控制机头的指向；副翼控制无人机绕纵轴旋转，控制无人机做横滚运动。固定翼无人机的推进器是螺旋桨或者喷气式发动机。和旋翼类无人机相比，固定翼无人机具有气动效率高、寿命长、经济性好、飞行速度大、升限高、稳定性好、操纵容易等优点；其最大的缺点是升降场地要求较大，需要跑道。

无人直升机的升力面、操纵面和推进器都是主旋翼，其通过改变主旋翼的螺距来改变升力的大小，从而控制无人直升机的上升和下降；通过改变主旋翼旋转平面的倾斜方向和大小实现前进、后退和侧飞。其最突出的特点是不需要跑道，可垂直起降、悬停。和固定翼无人机相比，无人直升机的缺点是气动效率较低，载重较小，震动较大，舒适性差，操纵难度大，稳定性差。

四、无人直升机的性能与操纵

飞行中的无人直升机，除自身重力外，还受到空气动力和力矩，主要是由旋翼、尾桨、平尾、垂尾和机身等产生的空气动力及其对无人直升机重心所构成的力矩，以及旋翼、尾桨的反扭矩和桨毂力矩。

无人直升机不带侧滑前飞时，旋翼的气动合力为 T，其方向垂直于桨尖平面向上。将 T 可分解为两个分力，即旋翼拉力 T_1 和旋翼纵向力 T_2，设重力为 G，阻力为 X，则无人直升机前进飞行时整体受力情况如图 5-1-7 所示。

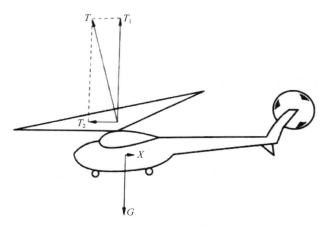

图 5-1-7　无人直升机前进飞行时整体受力情况

五、无人直升机的组装步骤

无人直升机的组装步骤主要包含以下几个流程：组件准备、机身组装、动力装置组装、十字盘组装、主旋翼组装、尾桨组装及飞控系统组装等。在不影响飞行性能的前提下，部分组装顺序可适当调整。并且不同无人直升机产品，其组装步骤可能会要求两个或两个以上的系统并行组装。

一、外围设备、工具的准备

为完成工作任务，每个工作小组需要向仓库工作人员提供借用工具清单（见表 5-1-2）。

表 5-1-2　认识无人直升机借用工具清单

序号	名称	数量	借出时间	学生签名	归还时间	学生签名	管理员签名
1							
2							
3							
4							
5							
6							
7							

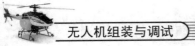

二、团队分配方案

还等什么？赶快制订出工作计划并实施它。

任务实施

一、为了更好地完成任务，你可能需要回答以下资讯

1. 无人直升机由_____、_____、_____、_____、_____系统和_____系统等组成。

2. 主旋翼是无人直升机的主要升力部件，本质上是一个能量转换部件，把发动机产生的_____动能转换成旋翼的_____。

3. 在无人直升机飞行过程中，旋翼产生的拉力一部分用于克服直升机的_____，一部分为无人直升机的运动提供_____。

4. 无人直升机的旋翼由_____和_____片桨叶组成。旋翼的结构形式主要是指旋翼的桨叶和_____连接的方式。

5. 桨叶通过桨毂上的_____（水平铰）、_____（垂直铰）及_____（轴向铰）与旋翼轴相连，通过3个铰实现桨叶_____、_____和_____运动。

6. 桨叶绕挥舞铰的上下运动称为_____运动；绕摆振铰的前后运动称为_____运动；绕变距铰的转动称为_____运动。

7. 无人直升机尾桨通过旋转产生_____，以_____主旋翼产生的反扭矩。

8. 单旋翼无人直升机的旋翼旋转产生升力，并对机身产生_____，_____迫使无人直升机向与旋翼旋转的_____方向偏转。因此，大多无人直升机上都需要安装尾桨。

9. 无人直升机的动力系统用于将发动机的动力传递给_____和_____。无人直升机动力系统通过使主旋翼转动来产生升力，通过使尾桨协调转动平衡反扭矩，是无人直升机最重要的系统之一，主要包括_____、_____、_____及中间减速器等。

10. 无人直升机的空间有6个自由度，但实际只需5个操纵，即_____操纵、_____操纵、_____操纵、_____操纵和_____操纵。

二、工作任务实施

认识无人直升机

无人直升机的基本结构图如图5-1-8所示，查阅资料，完成填空，提升对无人直升机基本结构的认知。

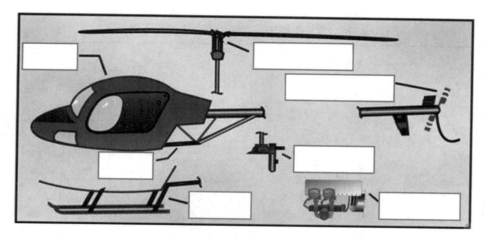

图 5-1-8　无人直升机的基本结构

完成了？仔细**检查**，客观**评价**，及时**反馈**。

 **任务评价**

一、成果展示

各小组派代表上台总结在完成任务的过程中学会了哪些技能，发现错误后是如何改正的，并展示成果。

二、学生自我评估与总结

_____。

三、小组评估与总结

_____。

四、教师评估与总结

_____。

五、各小组对工作环境的 6S 现场管理

在小组和教师都完成工作任务总结以后，各小组必须对自己的工作环境进行 6S 现场管理，即整理、整顿、清扫、清洁、安全、素养；归还所借的工具和实习工件。

六、评价表

认识无人直升机的认知评价表如表 5-1-3 所示。

表 5-1-3 认识无人直升机的认知评价表

评价项目	评价标准	评价依据	评价方式			权重	得分小计
			学生自评 20%	小组互评 30%	教师评价 50%		
职业素养	1. 遵守企业规章制度、劳动纪律 2. 按时按质完成工作任务 3. 积极主动承担工作任务，勤学好问 4. 人身安全与设备安全 5. 工作环境 6S 现场管理完成情况	1. 出勤 2. 工作态度 3. 劳动纪律 4. 团队协作精神				0.3	
专业能力	1. 能叙述无人直升机的基本结构及各组成部分的作用 2. 能掌握无人直升机的组装步骤 3. 能通过无人直升机实物外观判定其硬件名称	1. 操作的准确性和规范性 2. 任务或项目技术总结完成情况 3. 专业技能任务完成情况				0.5	
创新能力	1. 在任务完成过程中能提出有一定见解的方案 2. 在教学或生产管理上提出具有创新性的建议	1. 方案的可行性及意义 2. 建议的可行性				0.2	
合计							

任务 2 无人直升机机身系统的组装

学习目标

知识目标：

1. 能明确无人直升机装配前的准备工作。

2. 能掌握无人直升机主旋翼的组装方法及步骤。

3. 能掌握无人直升机主机身的组装方法及步骤。

能力目标：

能根据要求完成无人直升机机身系统的组装。

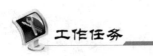

工作任务

无人直升机的装配一般包括主旋翼、主机身、电子设备、尾桨的组装。本任务的主要内容就是：通过学习，掌握无人直升机的主旋翼及主机身的组装方法及步骤，并能根据要求完成无人直升机的主旋翼及主机身的组装。

一、无人直升机装配前的准备

图 5-2-1 所示为亚拓 450L 无人直升机。现以亚拓 450L 无人直升机为例，介绍主旋翼及主机身组装前的准备工作。

图 5-2-1　亚拓 450L 无人直升机

（1）在上螺丝前要先在螺丝前面的 3～4 个丝口上涂上螺丝胶，以防螺丝久用后出现松动现象（配件已装好的部分也要拆下螺丝涂螺丝胶），如图 5-2-2 所示。

（2）将轴承拆开，将横轴穿入中联后在横轴表面涂抹适当润滑油，如图 5-2-3 所示。

图 5-2-2　在螺丝前面的 3～4 个丝口涂上螺丝胶

图 5-2-3　在横轴表面涂抹适当润滑油

二、无人直升机主旋翼的组装

无人直升机主旋翼由球头连杆、十字盘、主轴座、主轴变速箱、T 头主桨夹等组成，其组装的方法及步骤如下。

（1）在十字盘中装上连杆和连杆头，将主旋翼夹座连杆锁入十字盘的球头上。

（2）通过主轴连接十字盘和主旋翼夹座，如图 5-2-4 所示。

图 5-2-4　无人直升机主旋翼组装

【操作提示】

组装过程中，要注意以下几点：

（1）螺丝胶不要涂太多，以免粘到轴承。

（2）装配主轴时，手尽量不要碰到主轴，否则容易造成主轴生锈。

（3）两个旋翼头之间的距离大约为10.5mm。

（4）在主旋翼夹座中有止推轴承，其属于飞行消耗品，建议每飞行20次进行一次检查，并及时更换，无人直升机在进行高转速飞行时，应缩短定期检查时间及飞行次数。

三、无人直升机主机身的组装

无人直升机主机身主要通过螺纹连接，其按照产品说明书的要求组装即可，在此不再展开介绍，组装方法及步骤如下。

（1）把尾管座和两块主轴座安装在侧板一边，然后安装陀螺仪底座和接收机底座。

（2）安装另一半侧板。组装好的机身侧板如图5-2-5所示。

（3）先组装好起落架，如图5-2-6所示，然后将起落架安装在机身下方。

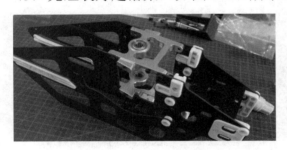　　　　

图5-2-5　组装好的机身侧板　　　　图5-2-6　组装好的起落架

（4）安装两片加强件，然后进一步固定机身侧板。

（5）进行齿盘及第一步的旋翼组（两个小球头朝前，导板长球头朝后）的组装。在组装时只要将齿盘的螺丝孔位与主轴座底部的螺丝孔位对齐，然后将螺丝和螺母拧紧即可。

【操作提示】

组装过程中，要注意以下几点：

（1）尾管座先安装一边，在后面的步骤插入尾管后，方可拧紧螺丝。

（2）在装主轴座时可以先不涂螺丝胶，防止侧板变形。

（3）起落架安装在侧板上时，两侧有两颗长螺丝，可以拧在最后位置，以固定尾撑杆。

（4）在固定两块加强件时，先固定上下两颗螺丝，因为中间两个螺丝孔用来固定电动机座。

（5）在装齿盘时，先把螺母装上。

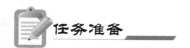
任务准备

一、外围设备、工具的准备

为完成工作任务，每个工作小组需要向仓库工作人员提供借用工具清单（见表5-2-1）。

表5-2-1 无人直升机机身系统的组装借用工具清单

序号	名称	数量	借出时间	学生签名	归还时间	学生签名	管理员签名
1							
2							
3							
4							
5							
6							
7							

二、团队分配方案

还等什么？赶快制订出工作计划并实施它。

任务实施

一、为了更好地完成任务，你可能需要回答以下资讯

1. 简述无人直升机机身系统组装前的准备工作。
2. 简述无人直升机主旋翼组装的注意事项。
3. 简述无人直升机主机身组装的注意事项。

二、工作任务实施

1. 认识无人直升机组装工具及材料

图5-2-7所示为组装无人直升机常需的工具及材料。查阅资料，完成填空，提升对无人直升机组装工具及材料的认知。

2. 无人直升机主旋翼的组装

查阅资料，按照无人直升机主旋翼的组装方法及步骤完成无人直升机主旋翼的组装。
在进行无人直升机主旋翼组装的过程中遇到了哪些问题，是如何处理的，记录在表5-2-2中。

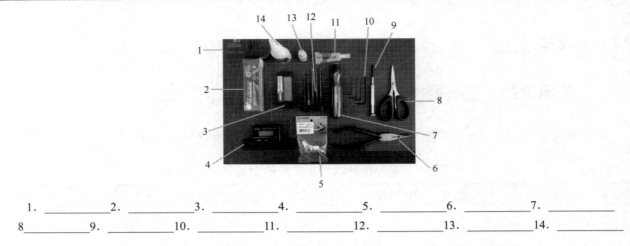

1. ___ 2. ___ 3. ___ 4. ___ 5. ___ 6. ___ 7. ___
8. ___ 9. ___ 10. ___ 11. ___ 12. ___ 13. ___ 14. ___

图 5-2-7　组装无人直升机常需的工具及材料

表 5-2-2　无人直升机主旋翼组装情况记录表

所遇到的问题	解决方法

3. 无人直升机主机身的组装

查阅资料，按照无人直升机主机身的组装方法及步骤完成无人直升机主机身的组装。

在进行无人直升机主机身组装的过程中遇到了哪些问题，是如何处理的，记录在表 5-2-3 中。

表 5-2-3　无人直升机主机身组装情况记录表

所遇到的问题	解决方法

完成了？仔细检查，客观评价，及时反馈。

 任务评价

一、成果展示

各小组派代表上台总结在完成任务的过程中学会了哪些技能，发现错误后是如何改正的，并展示成果。

二、学生自我评估与总结

_____。

三、小组评估与总结

_____。

四、教师评估与总结

_____。

五、各小组对工作环境的 6S 现场管理

在小组和教师都完成工作任务总结以后,各小组必须对自己的工作环境进行 6S 现场管理,即整理、整顿、清扫、清洁、安全、素养;归还所借的工具和实习工件。

六、评价表

无人直升机机身系统的组装评价表如表 5-2-4 所示。

表 5-2-4　无人直升机机身系统的组装评价表

班级:_____ 小组:_____ 姓名:_____			指导教师:_____ 日期:_____				
评价项目	评价标准	评价依据	评价方式			权重	得分小计
			学生自评 20%	小组互评 30%	教师评价 50%		
职业素养	1. 遵守企业规章制度、劳动纪律 2. 按时按质完成工作任务 3. 积极主动承担工作任务,勤学好问 4. 人身安全与设备安全 5. 工作环境 6S 现场管理完成情况	1. 出勤 2. 工作态度 3. 劳动纪律 4. 团队协作精神				0.3	
专业能力	1. 能掌握无人直升机机身系统的组装方法及步骤 2. 会进行无人直升机主旋翼的组装 3. 会进行无人直升机主机身的组装	1. 操作的准确性和规范性 2. 任务或项目技术总结完成情况 3. 专业技能任务完成情况				0.5	
创新能力	1. 在任务完成过程中能提出一定见解的方案 2. 在教学或生产管理上提出具有创新性的建议	1. 方案的可行性及意义 2. 建议的可行性				0.2	
合计							

任务 3　无人直升机动力系统的组装

学习目标

知识目标:

1. 能掌握无人直升机动力系统的组装方法和组装注意事项。
2. 能掌握无人直升机尾旋翼组的组装方法及步骤。

能力目标：
　　1. 会进行无人直升机动力系统的组装。
　　2. 会进行无人直升机尾旋翼组的组装。

 工作任务

　　电动无人直升机的动力系统组装是将电动机、电调、电动机机齿、电动机轴承座和电动机安装座等部件安装到机架的规定位置上。在完成动力系统组装后，就可以组装尾旋翼组了。本任务的主要内容就是：通过学习，掌握电动无人直升机动力系统的组装方法及步骤，并能根据要求完成电动无人直升机动力系统的组装。

 相关知识

一、无人直升机动力系统的组装

　　亚拓 450L 无人直升机采用的亚拓 DS430M 舵机如图 5-3-1 所示。

　　舵机安装好后，通电将舵机齿轮调平，然后安装舵机臂。

　　舵机调平：焊好的电调与电池通电，将电调的信号线插入接收机第 3 通道，打开遥控器与接收机对频，将舵机的信号线插入接收机的第 1 通道，此时若听到舵机齿轮转动的声音，则说明舵机已经调平。

　　在使用无平衡系统时，务必使用调平器校正十字盘，调整舵机连杆长度，确保十字盘处于水平状态，再进行基本机体设定，这样才能确保飞行性能达到最佳效果。

1. 无人直升机动力系统的组装方法及步骤

　　无人直升机动力系统的组装方法及步骤如下。

　　（1）先安装除锁尾舵机外的三个舵机，其中两个舵机安装在主轴座上（舵机齿轮朝上），第三个舵机安装在两个舵机中任意一个的旁边即可（舵机齿轮朝下），如图 5-3-2 所示。舵机调平后安装舵机臂，然后在舵机臂上安装好球头，并使其与十字盘的连杆头相连接。最后安装十字盘的导板和机头罩的固定柱。

图 5-3-1　DS430M 舵机

图 5-3-2　三个舵机的安装

（2）在电动机上安装电动机斜齿轮和电动机座，如图 5-3-3 所示。电动机上轴有止动螺丝孔位，用螺钉旋具把电动机轴和电动机斜齿轮拧紧，用两颗螺丝固定电动机座。

（3）电动机通过两块加强件，用 4 颗螺丝进行固定，如图 5-3-4 所示。

图 5-3-3　电动机斜齿轮和电动机座的安装　　　　图 5-3-4　电动机的安装

（4）电调的安装（先焊上 XT60 的插头），用扎带将电调固定好，注意图 5-3-5 中的箭头处请保留一定的间隙。一是为了较为方便地拉电池仓固定扣，二是防止飞行中震动造成电池扣和电调的电容发生摩擦。再将电调插到电动机上，安装到盖板上（电调放盖板上），如图 5-3-6 所示。为防止摩擦，一定要使电调的线和电动机外壳间留有一定的间隙，如图 5-3-7 所示。

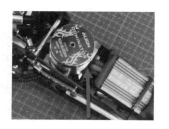

图 5-3-5　用扎带将电调固定好　　图 5-3-6　电调的安装　　图 5-3-7　电调的线和电动机外壳间
有间隙

（5）锁尾舵机安装在尾管座的下边，用四颗自攻螺丝拧紧即可，如图 5-3-8 所示。只有锁尾舵机用的是十字舵机臂，所有舵机臂的球头都安装在第 2 个孔位中。

（6）取出 3GX 无平衡翼系统，亚拓 450L 无人直升机标配的是 3GX 4.0 版本，按照说明书接线。因为将要使用 FUTABA S-BUS 的接收机，所以此处不使用彩虹线，如图 5-3-9 所示。用 3M 双面胶把 3GX 粘在陀螺仪固定板上，简单整理一下走线，如图 5-3-10 所示。

图 5-3-8　锁尾舵机的安装　　图 5-3-9　接入 3GX 无平衡翼　　图 5-3-10　把 3GX 粘在陀螺仪
系统　　　　　　固定板上

（7）用 3M 双面胶将 GPS 粘到飞控底座上，如图 5-3-11 所示。

亚拓 450L 无人直升机使用的飞控为乐迪 Mini Pix 飞控，该飞控的端口和技术参数如图 5-3-12 和图 5-3-13 所示。

图 5-3-11　GPS 的安装

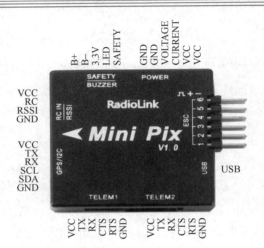

图 5-3-12　乐迪 Mini Pix 飞控端口

图 5-3-13　技术参数

飞控与舵机的连接方式及接线图如表 5-3-1 所示。

表 5-3-1　飞控与舵机的连接方式及

连接方式	飞控与舵机接线图
飞控 ESC1→副翼（左舵机）	
飞控 ESC2→升降（后舵机）	
飞控 ESC3→螺距（右舵机）	
飞控 ESC4→尾舵（尾部舵机）	
飞控 ESC6→电动机	

由于此飞控没有电压输出输入功能，需要使用带 BEC 线的电调为舵机供电。具体飞控配件连接如下。

（1）接收机模块：用 3pin 插线将舵机接口与飞控 RCIN/RSSI 端口连接。

（2）蜂鸣器安全开关模式：用 5 pin gh 插线连接至飞控 SAFETY/ BUZZER 端口。

（3）GPS+指南针：用 6 pin gh 插线连接至飞控 GPS/C 端口，注意安装方向与飞控一致。

2．无人直升机动力系统组装注意事项

（1）打开舵机包装时，注意不要划到舵机线。

（2）安装锁尾舵机的自攻螺丝时，不需要放螺丝胶（尼龙件）。

（3）安装电动机齿轮时，在电动机轴上涂点胶，装完后把多余的胶擦去，以免粘到其他配件。

（4）焊接电调时，先在两根电源线套上热缩管，等焊接完毕，将热缩管套在焊接部位，用打火机稍微加热后去掉即可。焊接 XT60 接口时，易使塑料香蕉头变形倾斜。注意电烙铁使用安全，避免烫伤。

（5）在安装好电动机后，从机身下方看电动机齿下缘必须和主齿盘下缘水平切齐，以确保齿轮传动顺畅，避免电动机主齿根部与新型斜主齿轮产生异常干涉磨损。电动机前后可移动以保持两齿轮咬合处约有 0.1mm 间隙，过紧的齿咬合会造成动力损失或电动机高阻力过载，严重时会使电动机烧毁。

（6）在粘 GPS 时，可以用打火机烤一下双面胶，使粘贴更牢固。

（7）用扎带捆绑电调，防止长时间运行出现松动。

二、无人直升机尾旋翼组的组装

尾旋翼组由尾变速箱、尾滑动套推拉套件和尾桨夹等组成，其组装方法及步骤如下。

（1）先将轴承用胶粘在传动轴的中间部位，静置两小时左右；再将传动轴插到尾管中，安装固定环和尾桨拉杆；将有"T"型标识的一方，插到已经固定在机身上的尾管座上（注意方向）；再将拉杆用球头与锁尾舵机的舵机臂相连，如图 5-3-14 所示。

（2）将尾桨夹安装到尾管的另一端，拉杆的另一端与尾桨夹的球头相连，如图 5-3-15 所示。

图 5-3-14　尾管的安装

图 5-3-15　尾桨夹的安装

（3）安装尾撑，一端与起落架相连，另一端与水平翼固定座相连，如图5-3-16所示。

（4）最后，安装垂直翼、旋翼、尾桨，以及机身护罩。安装完成后的无人直升机如图5-3-17所示。

图 5-3-16　安装尾撑

图 5-3-17　安装完成后的无人直升机

【操作提示】

组装过程中，要注意以下几点：

（1）安装轴承时，大概在传动杆20.5cm的部位，用胶粘住轴承两个小时后，安装到尾管中。

（2）安装轴承时，在轴承外部涂点润滑油，以便安装。

（3）安装尾桨夹时注意其方向。

（4）安装尾桨拉杆时，注意转环的长度。

（5）锁紧主旋翼螺丝时注意适当紧度即可，过紧可能使主旋翼座受损。

 任务准备

一、外围设备、工具的准备

为完成工作任务，每个工作小组需要向仓库工作人员提供借用工具清单（见表5-3-2）。

表 5-3-2　无人直升机动力系统的组装借用工具清单

序号	名称	数量	借出时间	学生签名	归还时间	学生签名	管理员签名
1							
2							
3							
4							
5							
6							
7							

二、团队分配方案

还等什么？赶快制订出工作计划并实施它。

任务实施

一、为了更好地完成任务，你可能需要回答以下资讯

1. 简述无人直升机动力系统的组装方法及步骤。
2. 简述无人直升机尾旋翼组在组装时的注意事项。

二、工作任务实施

1. 认识无人直升机飞控系统

图 5-3-18 所示为乐迪 Mini Pix 无人直升机飞控的出厂配件，查阅资料，完成填空，提升对无人直升机飞控系统的认知。

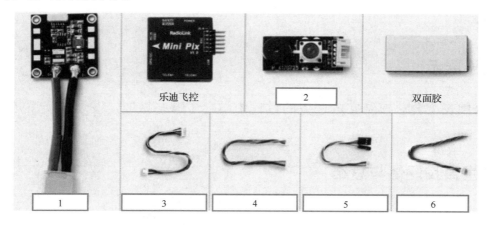

图 5-3-18　乐迪 Mini Pix 无人直升机飞控的出厂配件

1. _____　2. _____　3. _____

4. _____　5. _____　6. _____

2. 无人直升机动力系统的组装

查阅资料，按照无人直升机动力系统的组装方法及步骤完成无人直升机动力系统的组装。

在进行无人直升机动力系统组装的过程中遇到了哪些问题，是如何处理的，记录在表 5-3-3 中。

表 5-3-3　无人直升机动力系统组装情况记录表

所遇到的问题	解决方法

3．无人直升机尾旋翼组的组装

查阅资料，按照无人直升机尾旋翼组的组装方法及步骤完成无人直升机尾旋翼组的组装。

在进行无人直升机尾旋翼组的组装的过程中还遇到了哪些问题，是如何处理的，记录在表 5-3-4 中。

表 5-3-4　无人直升机尾旋翼组的组装情况记录表

所遇到的问题	解决方法

完成了？仔细**检查**，客观**评价**，及时**反馈**。

一、成果展示

各小组派代表上台总在结完成任务的过程中学会了哪些技能，发现错误后是如何改正的，并展示成果。

二、学生自我评估与总结

_____。

三、小组评估与总结

_____。

四、教师评估与总结

_____。

五、各小组对工作环境的 6S 现场管理

在小组和教师都完成工作任务总结以后，各小组必须对自己的工作环境进行 6S 现场管理，即整理、整顿、清扫、清洁、安全、素养；归还所借的工具和实习工件。

六、评价表

无人直升机动力系统的组装评价表如表 5-3-5 所示。

表 5-3-5　无人直升机动力系统的组装评价表

评价项目	评价标准	评价依据	评价方式			权重	得分小计
			学生自评 20%	小组互评 30%	教师评价 50%		
职业素养	1. 遵守企业规章制度、劳动纪律 2. 按时按质完成工作任务 3. 积极主动承担工作任务，勤学好问 4. 人身安全与设备安全 5. 工作环境 6S 现场管理完成情况	1. 出勤 2. 工作态度 3. 劳动纪律 4. 团队协作精神				0.3	
专业能力	1. 能掌握无人直升机动力系统的组装方法及步骤 2. 会进行无人直升机动力系统的组装 3. 会进行无人直升机尾旋翼组的组装	1. 操作的准确性和规范性 2. 任务或项目技术总结完成情况 3. 专业技能任务完成情况				0.5	
创新能力	1. 在任务完成过程中能提出有一定见解的方案 2. 在教学或生产管理上提出具有创新性的建议	1. 方案的可行性及意义 2. 建议的可行性				0.2	
合计							

班级：_____
小组：_____
姓名：_____
指导教师：_____
日期：_____

任务 4　无人直升机遥控装置的组装

 学习目标

知识目标：

1. 能掌握无人直升机遥控装置的组成及各组成部分的作用。

2. 能掌握无人直升机遥控装置的组装方法及步骤。

能力目标：

1. 会进行无人直升机接收机和舵机的连接。

2. 会进行无人直升机接收机和遥控器天线的安装。

3. 会进行无人直升机遥控装置的组装。

 工作任务

亚拓 450L 无人直升机所使用的遥控器是乐迪 AT9S，该遥控器是项目三和项目四中介绍到的乐迪 AT-9 遥控器的升级版，如图 5-4-1 所示。本任务的主要内容就是：通过学习，掌握无人直升机遥控装置的组装方法及步骤，并能根据要求完成无人直升机遥控装置的组装。

图 5-4-1　乐迪 AT9S 遥控器

 相关知识

一、乐迪 AT9S 遥控器

1. 遥控器面板

乐迪 AT9S 遥控器面板示意图如图 5-4-2 所示。

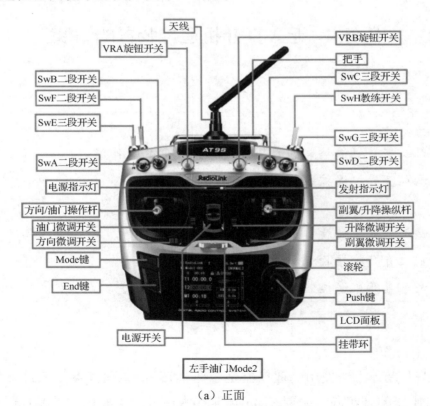

（a）正面

图 5-4-2　乐迪 AT9S 遥控器面板示意图

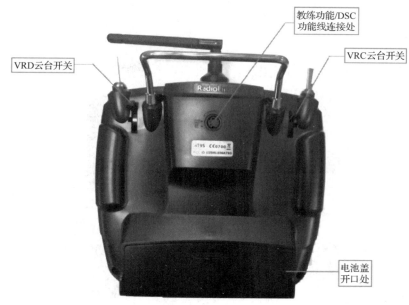

（b）背面

图 5-4-2　乐迪 AT9S 遥控器面板示意图（续）

2. 遥控器开关

乐迪 AT9S 遥控器开关/旋钮在无人机中的功能如表 5-4-1 所示。

表 5-4-1　乐迪 AT9S 遥控器开关/旋钮在无人机中的功能

开关/旋钮	固定翼无人机（Acro）	滑翔机（GLID）	无人直升机	多旋翼无人机
SwA	升降舵双比率开关/CH10	升降舵双比率开关/CH10 Down：打开蝴蝶型翼面混控	升降舵双比率开关/CH10	升降舵双比率开关/CH10
SwB	方向舵双比率开关/CH9	方向舵双比率开关/CH9	方向舵双比率开关/CH9	方向舵双比率开关/CH9
SwC	Up：打开升降舵-襟翼混控 Center/Down：怠速降低 Down：打开空气刹车	Up：打开升降舵-襟翼混控 Center：远距离飞行条件 Down：着陆条件	转速控制器	姿态选择
SwE/G'	起落架/CH5	—	油门锁定 (THR-HOID)/CH5	—
SwF/H'	快速横滚/教练功能	教练功能	教练功能/油门关闭	教练功能
SwG/E'	—	Up：速度飞行条件	高速 1 和 2 开关	—
SwH/F'	—	Down：起飞飞行条件	高速 3 开关/陀螺仪	—
VRA	襟翼/CH6 （襟副翼混控开启时为襟翼微调）	襟翼/CH6	悬停桨距	CH6
VRB	CH8	CH8	CH8	CH8
VRC	阻流板/CH7（副翼差动工作时无效）	CH7 （副翼差动工作时无效）	悬停油门/CH7	CH7
滑杆开关 D	—	CH5		
滑杆开关 E	—		H1～PIT 高变距	

3．兼容接收机型号

AT9S 出厂标配的接收机型号为 R9DS，如图 5-4-3 所示。

图 5-4-3　R9DS 接收机

R9DS 为 DSSS&FHSS-2.4G 混合双扩频技术 10 通道接收机（PWM 信号工作模式下为 9 通道，S-BUS&PWM 信号工作模式下为 10 通道）。

除 R9DS 外，AT9S 还兼容乐迪 6 通道 R6DS 接收机（S-BUS 或者 PPM 信号工作模式下为 10 通道）、10 通道 R10DS 接收机、12 通道双天线 R12DS 接收机（PWM 信号工作模式下为 11 通道）、迷你 10 通道 R6DSM 接收机、迷你 12 通道 R12DSM 接收机。

4．RSSI 值测试

遥控器和接收机分别通电，天线保持竖直平行，二者距离保持 30cm 左右，如图 5-4-4 所示。

打开遥控器，长按 Mode 键 1s，进入基础菜单，转动拨盘，选中"回传信息"选项，如图 5-4-5 所示，按 Push 键进入回传信息界面，查看 RSSI 值。遥控器和接收机距离 30cm 时，遥控器显示 RSSI 值处于 −30～0dBM 为正常值，该值越接近 0，表明信号越强。

图 5-4-4　RSSI 值测试

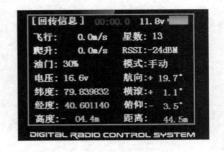

图 5-4-5　选中"回传信息"选项

二、遥控装置的组装

1．舵机、接收机和电池的安装

先确定电池、开关和舵机的连接是否正确，然后将插头完全插入插槽。当需要断开连接时，不要拉扯电线，应握住塑料连接头将其拔下。

2．接收机和舵机的连接

接收机通道和无人直升机遥控器的连接方式如表 5-4-2 所示。

表 5-4-2　接收机通道和无人直升机遥控器的连接方式

接收机通道	无人直升机遥控器
1	副翼/循环横滚
2	升降舵/循环变距
3	油门
4	方向舵
5	备用/陀螺仪
6	总桨距
7	备用/转速控制器
8	备用/混控
9	备用
10	备用
11	备用
12	备用

表 5-4-2 中接收机通道是指接收机上的 1～12 通道，其与无人机对应通道的舵机相连接，可通过操作遥控器上某个操纵杆或开关来控制相应的舵机动作。

由表 5-4-2 可知，接收机 1 通道连接的舵机由遥控器上的副翼操纵杆控制，2 通道连接的舵机由遥控器上的升降舵操纵杆控制，3 通道连接的舵机由遥控器上的油门操纵杆控制，4 通道连接的舵机由遥控器上的方向舵操纵杆控制，5～12 通道可由用户自行设定，即用户可在基础菜单中的"辅助通道"子菜单下定义相应的控制开关。其中 CH9 通道当在接收机红灯闪烁时输出 PWM 信号，蓝灯闪烁时输出 S-BUS 信号。接收机各个通道接口示意图如图 5-4-6 所示。

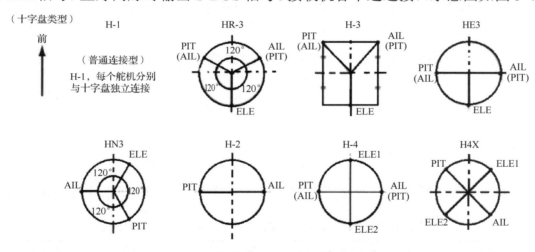

图 5-4-6　接收机各个通道接口示意图

3. 天线安装

1）接收机天线安装

接收机天线安装如图 5-4-7 所示。按下 Easy Link（ID SET）开关 1s 以上再放开开关。这时接收机开始进行连接。当连接完成后，接收机上的 LED 会变成红色并持续发光。

图 5-4-7　接收机天线安装

接收机天线的安装应注意以下几点。

（1）尽量保证天线笔直，否则将会减小控制范围。

（2）大型的模型机可能会存在影响信号发射的金属部件，在这种情况下，天线应处于模型的两侧。这样在任何飞行姿态下都能拥有最佳的信号。

（3）天线应该尽可能远离金属导体和碳纤维，至少要有半英寸的距离，但不能过度弯曲。

（4）尽可能保持天线远离电动机、电调和其他可能的干扰源。

（5）在实际安装接收机的过程中，可以使用海绵或者是泡沫材料将其绕起来用以防震。

2）遥控器天线的安装

遥控器天线的安装应注意以下几点。

（1）遥控器的天线是可调整的，因此请确保无人机飞行过程中天线不直接对着模型，以防减弱接收机信号强度。

（2）保持天线垂直于遥控器的表面，能使接收机收到最佳信号，这也取决于如何握持遥控器，但是在大多数情况下，调整遥控器的天线至垂直于遥控器的表面将会有更好的发射和接收效果。应根据握持遥控器的方式调整遥控器的天线。

（3）在飞行过程中请不要握住天线，这样会削弱遥控器的信号。

 任务准备

一、外围设备、工具的准备

为完成工作任务，每个工作小组需要向仓库工作人员提供借用工具清单（见表 5-4-3）。

表 5-4-3　无人直升机遥控装置的组装借用工具清单

序号	名称	数量	借出时间	学生签名	归还时间	学生签名	管理员签名
1							
2							
3							
4							
5							
6							
7							

二、团队分配方案

还等什么？赶快制订出工作计划并实施它。

任务实施

一、为了更好地完成任务，你可能需要回答以下资讯

1. 简述无人直升机接收机天线的安装注意事项。
2. 简述无人直升机遥控器 RSSI 值测试的方法。

二、工作任务实施

1. 无人直升机遥控装置的组装

查阅资料，按照无人直升机遥控装置的组装方法及步骤完成无人直升机遥控装置的组装。

在进行无人直升机遥控装置组装的过程中遇到了哪些问题，是如何处理的，记录在表 5-4-4 中。

表 5-4-4　无人直升机遥控装置组装情况记录表

所遇到的问题	解决方法

2. 无人直升机遥控器 RSSI 值的测试

查阅资料，按照无人直升机遥控器 RSSI 值的测试方法及步骤完成无人直升机遥控器 RSSI 值的测试。

在进行无人直升机遥控器 RSSI 值的测试的过程中遇到了哪些问题，是如何处理的，记录在表 5-4-5 中。

表 5-4-5　无人直升机遥控器 RSSI 值的测试情况记录表

所遇到的问题	解决方法

完成了？仔细检查，客观评价，及时反馈。

 任务评价

一、成果展示

各小组派代表上台总结在完成任务的过程中学会了哪些技能，发现错误后是如何改正的，并展示成果。

二、学生自我评估与总结

_____。

三、小组评估与总结

_____。

四、教师评估与总结

_____。

五、各小组对工作环境的 6S 现场管理

在小组和教师都完成工作任务总结以后，各小组必须对自己的工作环境进行 6S 现场管理，即整理、整顿、清扫、清洁、安全、素养；归还所借的工具和实习工件。

六、评价表

无人直升机遥控装置的组装评价表如表 5-4-6 所示。

表 5-4-6　无人直升机遥控装置的组装评价表

班级：＿＿＿＿＿＿　小组：＿＿＿＿＿＿　姓名：＿＿＿＿＿＿			指导教师：＿＿＿＿＿＿＿＿＿＿　日期：＿＿＿＿＿＿＿＿＿＿					
评价项目	评价标准		评价依据	评价方式			权重	得分小计
				学生自评 20%	小组互评 30%	教师评价 50%		
职业素养	1. 遵守企业规章制度、劳动纪律 2. 按时按质完成工作任务 3. 积极主动承担工作任务，勤学好问 4. 人身安全与设备安全 5. 工作环境 6S 现场管理完成情况		1. 出勤 2. 工作态度 3. 劳动纪律 4. 团队协作精神				0.3	

续表

评价 项目	评价标准	评价依据	评价方式			权重	得分 小计
			学生 自评 20%	小组 互评 30%	教师 评价 50%		
专业 能力	1. 能掌握无人直升机遥控装置的组装方法及步骤 2. 会进行无人直升机遥控装置的组装 3. 会进行无人直升机遥控器的 RSSI 值的测试	1. 操作的准确性和规范性 2. 任务或项目技术总结完成情况 3. 专业技能任务完成情况				0.5	
创新 能力	1. 在任务完成过程中能提出有一定见解的方案 2. 在教学或生产管理上提出具有创新性的建议	1. 方案的可行性及意义 2. 建议的可行性				0.2	
合计							

任务 5　无人直升机软件内部参数的调整

学习目标

知识目标：

1. 能了解无人直升机软件内部参数调试前的准备工作。

2. 能掌握无人直升机软件内部参数的调整内容、方法及步骤。

能力目标：

1. 会进行无人直升机十字盘行程的设置。

2. 会进行无人直升机尾舵行程的设置。

3. 会进行无人直升机悬停水平的调整。

4. 会进行无人直升机加速计校准。

5. 会进行无人直升机指南针校准。

6. 会进行无人直升机遥控器校准。

7. 会进行无人直升机电调校准。

8. 会进行无人直升机飞行模式的设置。

9. 会进行无人直升机 PID 调整。

工作任务

亚拓 450L 无人直升机使用的遥控器是乐迪 AT9S，它是乐迪 AT-9 遥控器的升级版无人机常用飞控如图 5-5-1 所示。本任务的主要内容就是：通过学习，掌握无人直升机软件内部参数的调整内容、方法及步骤，并能根据要求完成无人直升机软件内部参数的调整。

图 5-5-1　无人机常用飞控

相关知识

一、无人直升机软件内部参数调试前的准备

（1）断开电动机与电调的接线，确保在解锁时，电动机不会转动。

（2）连接锂电池，为飞控供电。

（3）用 USB 连接飞控与 Mission Planner 软件。

（4）安装无人直升机固件。

（5）打开配置/调试→必要硬件，进行直升机安装。

（6）只有在 Stabilize 自稳模式或者 Arco 特技模式时才可以输出控制，其他模式无法进行调整测试。

（7）按下安全开关，直到红灯常亮。

二、无人直升机软件内部参数调试步骤

1. 直升机参数设置界面

无人直升机参数设置界面如图 5-5-2 所示，现将界面划分为 7 个区域进行参数说明。

（1）十字盘类型。一般无人直升机的十字盘类型为 CCPM，当无人直升机有副翼（希拉小翼）时，取消"无副翼"复选框的勾选。

（2）显示无人直升机十字盘角度。

（3）设置舵机角度、正反、中立点微调。

（4）设置十字盘行程。

（5）设置尾舵行程。

（6）设置主电动机控制类型，建议将电动机控制类型设置为定速，具体油门大小与飞机有关。

旋翼速度控制（电动机控制类型），推荐设置为 Set Point。

日本手设定点（定速油门），推荐设置为 510（表示 51%的油门输出），进行初始测试，之

后可以根据需要调整大小，然后通过遥控器设置控制开关（两段开关），在解锁后开关量大于800，飞控会输出50%的油门。

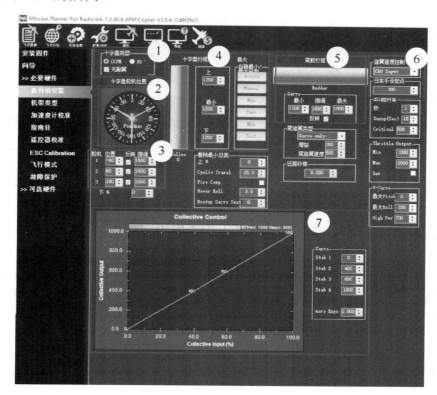

图 5-5-2　无人直升机参数设置界面

注意事项如下：

① 注意在设置定速油门值时必须大于 500。

② 在未解锁前，不要打开输出功能，否则无法解锁。

③ 如果出现控制站界面无法再次修改定速油门值，那么可以通过修改参数 H_RCS_SETPOINT 来进行设置。

（7）设置螺距曲线，可以设置四个点的百分点，中间两个点的曲线应平滑一点，将 Stab2 设置为 450，Stab3 设置为 550。

2．十字盘行程

校准完毕后调整十字盘舵机，遥控器控制将有正确动作响应，如表 5-5-1 所示。

表 5-5-1　遥控舵机反应

遥控器动作	十字盘动作
1 通道向左	左边舵机向下，右边舵机向上
1 通道向右	左边舵机向下，右边舵机向下
3 通道向上	3 个舵机向上
3 通道向下	3 个舵机向下

239

当某一舵机转向不对时，可在直升机安装设置界面中进行正反设置。当需要反向转动时，勾选对应的舵机即可。

3．十字盘行程设置

以上下±10°为限制进行十字盘行程设置，具体设置方法如下。

（1）先把螺距尺装到螺旋桨上。

（2）打开控制站的直升机安装设置界面，单击 max 按钮，查看螺距尺度数，调整数字框中的数，直到螺距尺显示为＋10°。

（3）进行－10°设置，先单击 min 按钮，再查看螺距尺度数，调整数字框中的数值，使螺距尺度数为－10°。

4．尾舵行程设置

尾舵行程设置的方法及步骤如下。

（1）调整尾舵，使用遥控器控制无人直升机进行左右飞行，查看动作是否正确，是否有对应的力矩，阻碍无人直升机自旋。当反转时取消反转勾选。

（2）尾舵行程校准方法与十字盘行程校准方法一致，先单击 max 按钮设置最大值，选择到所能到的最大角度。再单击 min 按钮设置最小值，选择最大角度。再单击 zero 按钮，调整微调的值，选择正确0°值。

5．无人直升机缓慢启动

设置缓慢启动是为了应对尾舵缓慢修正带来的无人直升机旋转，使电动机在一定时间内输出最高转速。

（1）秒的设置：飞控输出给电动机信号延迟时间不用修改，保持默认值即可。

（2）Runup（Sec）的设置：当电动机到达最大转度时，定速时间，推荐加大到20s或30s。

（3）Critical 的设置：设置最低油门，定速值必须大于此值。

6．悬停水平调整

无人直升机的左右飞行姿态受尾舵影响，在其进行左右飞行时可能出现一定的倾斜角度，为使其平衡，可调整无人直升机安装设置界面的 HoverRoll（ACT_HOVR_ROL_TRN）值。

（1）当主旋翼顺时针旋转时，正值代表右 Roll 的补偿，如3.5表示3.5°。

（2）当主旋翼逆时针旋转时，负值代表左 Roll 的补偿，如－3.5表示3.5°。

具体调整方法如下：

先校准飞控水平，调整好十字盘的水平状态，之后使无人直升机悬停，查看其倾斜角度，输入倾斜至补偿倾斜。若修改后还是倾斜，则应查看十字盘或者飞控是否水平。

7．加速计校准

准备一个六面平整、边角整齐的方形硬纸盒，将飞控固定在该纸盒上，执行如下六个动作，每个动作完成后按回车键确认保存。具体操作方法如下。

（1）"Place vehicle level and press any key"水平放置，飞控的箭头图标指向前，完成后按回车键保存，如图 5-5-3 所示。

（2）"Place vehicle on its LEFT side and press any key"向左放置，以飞控箭头图标方向为基准，逆时针旋转 90°，完成后按回车键保存，如图 5-5-4 所示。

（3）"Place vehicle on its RIGHT side and press any key"向右放置，以飞控箭头图标方向为基准，顺时针旋转 90°，完成后按回车键保存，如图 5-5-5 所示。

（4）"Place vehicle nose down and press any key"向下放置，飞控的箭头图标指向下，完成后按回车键确认，如图 5-5-6 所示。

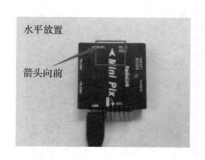

图 5-5-3　水平放置

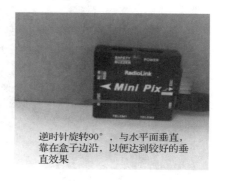

图 5-5-4　向左放置

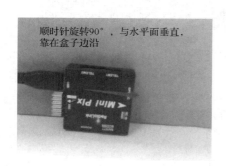

图 5-5-5　向右放置

图 5-5-6　向下放置

（5）"Place vehicle nose UP and press any key"向上放置，飞控的箭头图标指向上，完成后按回车键确认，如图 5-5-7 所示。

（6）"Place vehicle on its BACK and press any key"向后放置，飞控正面朝下，保持箭头图标指向前，完成后按回车键确认，如图 5-5-8 所示。

8．指南针校准

指南针校准如图 5-5-9 所示。

让飞控箭头指向上靠着盒子边沿，与桌面垂直

图 5-5-7　向上放置

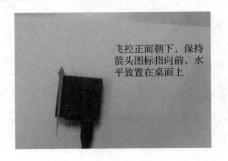

飞控正面朝下，保持箭头图标指向前，水平放置在桌面上

图 5-5-8　向后放置

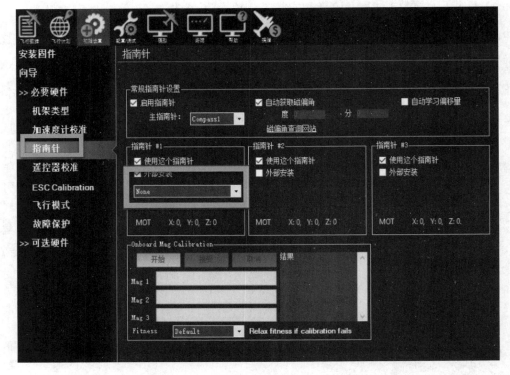

图 5-5-9　指南针校准

指南针校准有以下两种情况：

（1）带 GPS 模块的无人直升机，使用外置和内置指南针。

（2）不带 GPS 模块的无人直升机，使用内置指南针。

若在"指南针#1"下勾选"外部安装"复选框并设置方向选择框，则指南针#1 就是外置指南针（GPS）上的指南针，指南针#2 就是飞控内置指南针。当 GPS 安装方向与飞控安装方向一致时，无须任何操作，方向默认为"None"；当 GPS 安装方向与飞控安装方向不一致时需要选择对应的方向，相应操作为：单击"开始"按钮，转动飞控与 GPS，转动方向如图 5-5-10 所示。

在旋转过程中，系统会不断记录指南针采集的数据，进度条右边的百分数会不断变化。如果进度条右边的百分数没有变化，检查指南针是否正确连接或指南针芯片、硬件是否正常。进度条完成之后，会出现一个提示框，如图 5-5-11 所示。单击"OK"按钮，重启飞控并通电即可完成指南针校准。

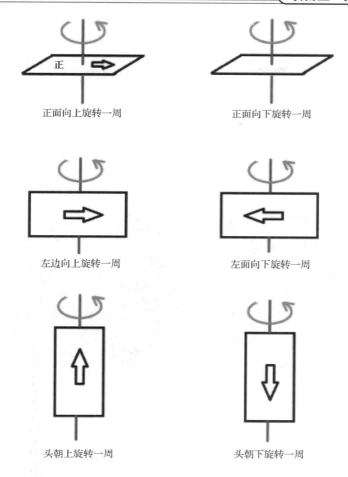

正面向上旋转一周　　　　　　正面向下旋转一周

左边向上旋转一周　　　　　　左面向下旋转一周

头朝上旋转一周　　　　　　头朝下旋转一周

图 5-5-10　飞控、GPS 转动方向

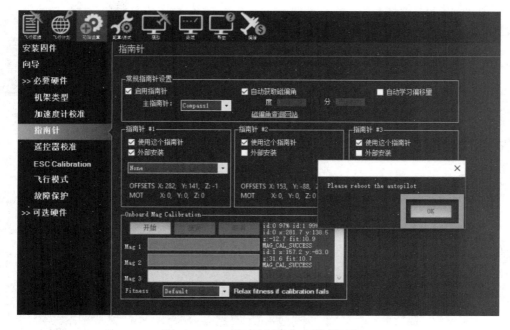

图 5-5-11　指南针校准完毕界面

9．遥控器校准

下面介绍亚拓 450L 无人直升机使用的乐迪 AT9S 遥控器校准方法。

1）遥控器与接收机对码连接

首先让遥控器与接收机进行对码连接（在舵机齿轮调平时已经对好频），将飞控连接到计算机，选择合适的 COM 口和波特率（115200），设置完毕后进行如下操作。

（1）新建模型，如图 5-5-12 中①所示（选用多旋翼模型而不是无人直升机）。打开遥控器电源开关，双击 Mode 键，单击"机型选择"选项，单击"Push"键确认。

（2）进入"机型选择"界面，将光标移动至"机型"选项，将其设置为多旋翼模型并按"Push"键 1s，如图 5-5-12 中②所示。

图 5-5-12　新建模型

2）油门反相

（1）长按 Mode 键 1s 选择"舵机相位"选项，将光标移动至"油门"选项，单击"Push"键，改成"反相"时，如图 5-5-13 所示，长按"Push"键 1s 保存设置，遥控设置完毕。

（2）完成遥控器设置之后回到调参软件主界面，选择好波特率与端口后，单击"连接"选项连接飞控，接着依次单击"初始设置"→"必要硬件"→"遥控器校准"选项，然后单击窗口右边的"校准遥控"按钮，单击"OK"按钮后，拨动遥控器开关，使每个通道的红色指示条移动到上、下限位置，如图 5-5-14 所示。

图 5-5-13　设置油门反相

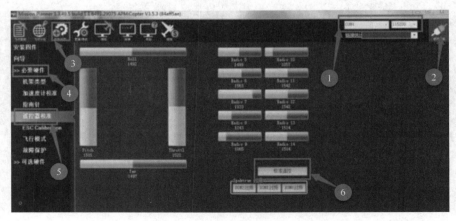

图 5-5-14　遥控器校准

（3）当每个通道的红色指示条移动到上、下限位置时，单击"完成"按钮，保存校准。在拨动开关的同时检查每个通道是否与遥控器的控制对应。

通道 1：低 = Roll 向左，高 = Roll 向右。

通道 2：低 = Pitch 向前，高 = Pitch 向后。

通道 3：低 = Throttle 关，高 = Throttle 开。

通道 4：低 = Yaw 向左，高 = Yaw 向右。

10．ESC Calibration（电调校准）

电调校准可以使遥控器遥感行程量同步。打开遥控器，将油门操纵杆推到最高位置，给电调上电（在上电之前要把无人直升机的主旋翼拆下来）。在上电之后，会听到校准电调的提示音（不同电调的提示音不同）。电调校准模式提示音响起后断电，油门操纵杆依然处于最高位，再次给电调供电。听到电调校准提示音完成后，将油门操纵杆迅速拉到最低位置，待电调提示音停止，电调校准完毕，此时可以适当推动油门操纵杆（在没有主旋翼的情况下）。

11．飞行模式

Mini Pix 有多种可飞行模式可以选择，但一般只能设置六种，加上 CH7、CH8 的辅助，最多可达八种。飞行模式需要通过遥控器进行设置，以下以乐迪 AT9S 为例进行讲解。首先将飞控与接收机连接，遥控器与接收机对码完成后，连接 Mission Planner 与飞控。随后依次单击"初始设置"→"必要硬件"→"飞行模式"选项，弹出如图 5-5-15 所示飞行模式配置界面。一般在设置飞行模式时，第一飞行模式要设置为自稳，其余五个飞行模式可根据需要进行设置。在设置遥控器通道开关时，最好确保开关可以随时切到自稳模式，以方便后续试飞。

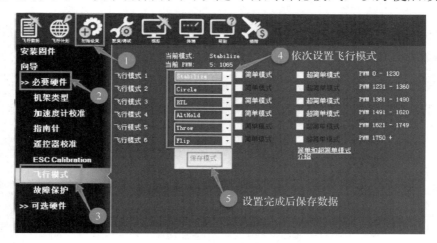

图 5-5-15　飞行模式配置界面

遥控器设置模式如下。

长按 Mode 键 1s 进入进出菜单，再短按 Mode 键进入高级菜单，选择"姿态选择"选项，进入如图 5-5-16 所示界面。

在控制站上可以看到当前开关挡位（SwC）对应的 PWM 值，把 PWM 值调到对应模式范围内，建议取中间值。只有处于当前模式才能看到对应的 PWM 值，只有拨动开关到对应的挡位才能准确调整 PWM 值。

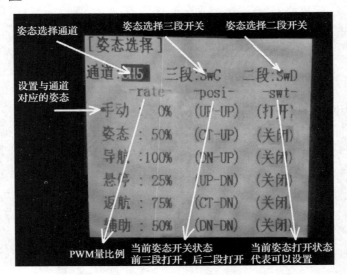

图 5-5-16   "姿态选择"界面

12．PID 调整

PID 调整会用到日志功能，日志功能在插入内存卡后才使用。

1）调整 VFF（前馈补偿）

对应三个轴的参数为 ATC_RAT_VFF、ATC_RAT_PIT_VFF、ATC_RAT_YAW_VFF。调整 VFF 可补偿舵机反应慢及连杆长度带来的问题。有副翼时一般大于 0.22，无副翼时一般小于 0.22，具体可以根据实际测试修改。

首先设置 Roll 和 Pitch 两个轴，设置对应的 ATC_RAT_VFF 和 ATC_RAT_PIT_VFF 为 0.15，对应的 Roll 和 Pitch 的 PID 先调整到最小。

然后在自稳模式下，进行快速俯仰和横滚操作后降落。导出日志，打开日志查看 RATE。

如果 RATE Des 大于 RATE P，则需要增大对应的 ATC_RAT_PIT_VFF 值，反之则减小该值；直到两者峰值相似，且跟随。

2）调整 D

先调整 Roll，初始值设置为 0.001。开始时每次增加 0.001，直到出现左右抖动，将此时的值减小一半作为最后确定值。Pitch 值与 Roll 设置方法与此相同。

3）调整 P

先调整 Roll，每次增加 0.01，直到出现左右摇动，取此值的一半作为最终确认值。Pitch 的设置方法与此相同。

4）调整 I 和 I 最大

I 设置与对应的 VFF 一致，Roll I = ACT_RAT_RLL_VFF；Pitch I = ACT_RAT_PIT_VFF。

打开日志的 PD 记录功能，以最大的速度飞行一次，降落后导出日志，查看 PID 的 P 中 I 出现的最大值，Imax 设置为比此值大 0.1 的值即可。

一、外围设备、工具的准备

为完成工作任务，每个工作小组需要向仓库工作人员提供借用工具清单（见表 5-5-2）。

表 5-5-2　无人直升机软件内部参数的调整借用工具清单

序号	名称	数量	借出时间	学生签名	归还时间	学生签名	管理员签名
1							
2							
3							
4							
5							
6							
7							

二、团队分配方案

还等什么？赶快制订出工作计划并实施它。

一、为了更好地完成任务，你可能需要回答以下资讯

1．简述无人直升机软件内部参数调整前的准备工作。

2．查阅资料，根据表 5-5-3 中的图示匹配对应的操作步骤，熟悉对无人直升机加速计校准的操作。

　　A．向左放置，以飞控箭头图标方向为基准逆时针旋转 90°，完成后按回车键保存

　　B．向右放置，以飞控箭头图标方向为基准顺时针旋转 90°，完成后按回车键保存

　　C．向下放置，飞控箭头图标指向下，完成后按回车键确认

　　D．向上放置，飞控箭头图标指向上，完成后按回车键确认

无人机组装与调试

表 5-5-3　无人直升机加速计校准操作方法及步骤

操作步骤	图示	操作方法

二、工作任务实施

1. 无人直升机十字盘行程的设置

查阅资料，按照无人直升机十字盘行程设置的方法及步骤完成无人直升机十字盘行程的设置。

在进行无人直升机十字盘行程设置的过程中遇到了哪些问题，是如何处理的，记录在表 5-5-4 中。

表 5-5-4　无人直升机十字盘行程设置情况记录表

所遇到的问题	解决方法

2．无人直升机尾舵行程的设置

查阅资料，按照无人直升机尾舵行程设置的方法及步骤完成无人直升机尾舵行程的设置。

在进行无人直升机尾舵行程的设置的过程中遇到了哪些问题，是如何处理的，记录在表5-5-5中。

表5-5-5　无人直升机尾舵行程设置情况记录表

所遇到的问题	解决方法

3．无人直升机的指南针校准

查阅资料，按照无人直升机指南针校准的方法及步骤完成无人直升机的指南针校准。

在进行无人直升机指南针校准的过程中遇到了哪些问题，是如何处理的，记录在表5-5-6中。

表5-5-6　无人直升机指南针校准情况记录表

所遇到的问题	解决方法

4．无人直升机的遥控器校准

查阅资料，按照无人直升机遥控器校准的方法及步骤完成无人直升机的遥控器校准。

在进行无人直升机遥控器校准的过程中遇到了哪些问题，是如何处理的，记录在表5-5-7中。

表5-5-7　无人直升机遥控器校准情况记录表

所遇到的问题	解决方法

完成了？仔细检查，客观评价，及时反馈。

 任务评价

一、成果展示

各小组派代表上台总结在完成任务的过程中学会了哪些技能，发现错误后是如何改正的，并展示成果。

二、学生自我评估与总结

三、小组评估与总结

_____。

四、教师评估与总结

_____。

五、各小组对工作环境的 6S 现场管理

在小组和教师都完成工作任务总结以后，各小组必须对自己的工作环境进行 6S 现场管理，即整理、整顿、清扫、清洁、安全、素养；归还所借的工具和实习工件。

六、评价表

无人直升机软件内部参数的调整评价表如表 5-5-8 所示。

表 5-5-8　无人直升机软件内部参数的调整评价表

班级：_____　　　　　　指导教师：_____
小组：_____　　　　　　日期：_____
姓名：_____

评价项目	评价标准	评价依据	学生自评 20%	小组互评 30%	教师评价 50%	权重	得分小计
			评价方式				
职业素养	1．遵守企业规章制度、劳动纪律 2．按时按质完成工作任务 3．积极主动承担工作任务，勤学好问 4．人身安全与设备安全 5．工作环境 6S 现场管理完成情况	1．出勤 2．工作态度 3．劳动纪律 4．团队协作精神				0.3	
专业能力	1．能掌握无人直升机软件内部参数调整的内容、方法及步骤 2．会进行无人直升机十字盘行程的设置 3．会进行无人直升机尾舵行程的设置 4．会进行无人直升机悬停水平的调整 5．会进行无人直升机加速计校准 6．会进行无人直升机指南针校准 7．会进行无人直升机遥控器校准 8．会进行无人直升机电调校准 9．会进行无人直升机飞行模式的设置 10．会进行无人直升机 PID 调整	1．操作的准确性和规范性 2．任务或项目技术总结完成情况 3．专业技能任务完成情况				0.5	
创新能力	1．在任务完成过程中能提出有一定见解的方案 2．在教学或生产管理上提出具有创新性的建议	1．方案的可行性及意义 2．建议的可行性				0.2	
合计							

任务 6　无人直升机硬件调试与试飞

学习目标

知识目标：

　　1. 能掌握无人直升机硬件调试的内容。

　　2. 能掌握无人直升机十字盘的调试方法。

　　3. 能掌握无人直升机主桨螺距的调试方法。

　　4. 能掌握无人直升机尾桨的调试方法。

　　5. 能掌握无人直升机试飞测试的内容及方法。

能力目标：

　　1. 会进行无人直升机十字盘的调试。

　　2. 会进行无人直升机主桨螺距的调试。

　　3. 会进行无人直升机尾桨的调试。

　　4. 会进行无人直升机试飞测试。

工作任务

　　图 5-6-1 所示为组装好的亚拓 450L 无人直升机，其已进行了软件参数的设置和调整，但仍需要技术人员根据实际情况进行后续调试后才可进行飞行。本任务的主要内容就是：通过学习，掌握无人直升机硬件调试和试飞的方法，并能根据要求完成无人直升机硬件调试与试飞。

相关知识

一、十字盘的调试

图 5-6-1　组装好的亚拓 450L 无人直升机

　　要使十字盘在通电时能保持水平状态，具体操作如下。

　　（1）在通电后，确认斜盘舵机与舵机输出盘在中立位，否则将其调节到中立位。

　　（2）十字盘由 3 个舵机球头连杆支撑和连接，固定其中一个舵机球头连杆，调节另外 2 个舵机球头连杆的长度，使十字盘水平。

二、主桨螺距的调试

　　主桨螺距的调试是通过调节十字盘与桨夹的球头连杆的长度，使桨夹两端的水平角度一致，具体操作方法如下。

（1）把无人直升机放置在水平位置，拆卸无人直升机的桨叶，对电动机进行断电，准备好电子螺距尺、电池遥控器等工具。

（2）在调节水平角度时，将遥控器的油门操纵杆设置在中立位，飞控通道中位值设为0，舵机通电并在中位。

三、尾桨的调试

尾桨的调试是将两片尾桨对折后，桨叶的空隙夹角固定为一个角度，具体操作方法如下。

（1）确保尾舵机与舵机输出盘在中立位。

（2）调节球头连杆，使两片尾桨间对折后的空隙夹角为10°左右。

四、试飞

1. 试飞前的准备

试飞前的准备如下。

（1）开启遥控器，接上无人直升机电源。

（2）将无人直升机置于柔软地面上。注意，无人直升机在硬地上起飞时要给起落架装上避震垫圈，避免升空前起落架与过硬的地面作用产生过大震动，导致无平衡翼系统升空前产生过度修正。

（3）无人直升机离地前，十字盘可能因陀螺仪受震动产生反馈，从而产生倾斜现象，此时请勿刻意将十字盘修正为水平状态，无人直升机离地升空后此现象立即解除，即可平稳升空；若刻意将十字盘修正为水平状态，反而会造成感应器产生过度修正，无人直升机一旦离地就会偏往修正方向。

2. 主旋翼双桨平衡调整

主旋翼双桨平衡调整的方法及步骤如下。

（1）在其中一支主旋翼的翼端贴上有颜色的贴纸或画上某种颜色作为记号，以便辨识双桨。

（2）慢慢推动油门操纵杆到最高点并停止，在无人直升机离开地面前，从侧边观察主旋翼的转动。

（3）仔细观察旋翼轨迹。假如两支旋翼的移动轨迹相同，则不需要调整；假如一支旋翼较高或较低产生"双桨"现象，则必须立刻调整。主旋翼转动时轨迹较高，表示螺距过大，应调短连杆头；主旋翼转动时轨迹较低，表示螺距过小，应调长连杆头。

调整轨迹非常危险，应距离飞机最少10m。不正确的旋翼轨迹将使无人直升机产生震动，应不断重复调整轨迹，使旋翼轨迹精准正确。在调整轨迹后，确认螺距角在悬停时为 5°～6°。

严禁用手抓取运行中的无人直升机，并禁止将无人直升机对着眼睛，当主旋翼转动或起飞时，务必远离障碍物，人员站立位置必须距离无人直升机 10m 以上，避免因人为组装不当造成零件脱落而引起不可预测的人员损伤。

3．油门控制测试

当无人直升机开始离地时，慢慢拉下油门操纵杆，使飞机降落。反复进行无人直升机从地面上升和下降的操纵过程，直到熟练控制油门。

4．升降控制测试

慢慢推动油门操纵杆，使无人直升机后、前、左、右依次移动，慢慢地反向移动升降操纵杆并使无人直升机飞回原来位置。假如无人直升机的机头或者位置发生偏移，应先降低油门使无人直升机降落，驾驶员移到直升机机头正后方 10m 处继续练习。

5．方向舵操作测试

慢慢推动油门操纵杆，使无人直升机机头向左或向右移动，然后慢慢反向移动方向舵操纵杆，使无人直升机飞回原来位置。

6．悬停测试

将无人直升机控制在一个小范围内飞行，并逐步过渡到悬停状态。

无人直升机通过上述所有项目的测试以后，即完成了试飞。

一、外围设备、工具的准备

为完成工作任务，每个工作小组需要向仓库工作人员提供借用工具清单（见表 5-6-1）。

表 5-6-1 无人直升机硬件调试与试飞借用工具清单

序号	名称	数量	借出时间	学生签名	归还时间	学生签名	管理员签名
1							
2							
3							
4							
5							
6							
7							

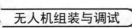

二、团队分配方案

还等什么？赶快制订出工作**计划**并**实施**它。

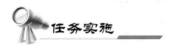 任务实施

一、为了更好地完成任务，你可能需要回答以下资讯

1．简述无人直升机十字盘调试的方法及步骤。
2．简述无人直升机主桨螺距调试的方法及步骤。

二、工作任务实施

1．无人直升机十字盘的调试

查阅资料，按照无人直升机十字盘的调试方法及步骤完成无人直升机十字盘的调试。

在进行无人直升机十字盘调试的过程中遇到了哪些问题，是如何处理的，记录在表 5-6-2 中。

表 5-6-2　无人直升机十字盘的调试情况记录表

所遇到的问题	解决方法

2．无人直升机主桨螺距的调试

查阅资料，按照无人直升机主桨螺距的调试方法及步骤完成无人直升机主桨螺距的调试。

在进行无人直升机主桨螺距调试的过程中遇到了哪些问题，是如何处理的，记录在表 5-6-3 中。

表 5-6-3　无人直升机主桨螺距的调试情况记录表

所遇到的问题	解决方法

3. 无人直升机的试飞测试

查阅资料，按照无人直升机试飞测试的内容及测试方法完成无人直升机的试飞测试。

在进行无人直升机试飞测试的过程中遇到了哪些问题，是如何处理的，记录在表 5-6-4 中。

表 5-6-4　无人直升机试飞测试情况记录表

试飞测试内容	所遇到的问题	解决方法
主旋翼双桨平衡调整		
油门控制测试		
升降控制测试		
方向舵操作测试		
悬停测试		

完成了？仔细检查，客观评价，及时反馈。

任务评价

一、成果展示

各小组派代表上台总结在完成任务的过程中学会了哪些技能，发现错误后是如何改正的，并展示成果。

二、学生自我评估与总结

_____。

三、小组评估与总结

_____。

四、教师评估与总结

_____。

五、各小组对工作环境的 6S 现场管理

在小组和教师都完成工作任务总结以后，各小组必须对自己的工作环境进行 6S 现场管理，即整理、整顿、清扫、清洁、安全、素养；归还所借的工具和实习工件。

六、评价表

无人直升机硬件调试与试飞评价表如表 5-6-5 所示。

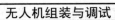

表 5-6-5　无人直升机硬件调试与试飞评价表

评价项目	评价标准	评价依据	学生自评 20%	小组互评 30%	教师评价 50%	权重	得分小计
职业素养	1. 遵守企业规章制度、劳动纪律 2. 按时按质完成工作任务 3. 积极主动承担工作任务，勤学好问 4. 人身安全与设备安全 5. 工作环境 6S 现场管理完成情况	1. 出勤 2. 工作态度 3. 劳动纪律 4. 团队协作精神				0.3	
专业能力	1. 能掌握无人直升机硬件调试与试飞的内容 2. 会进行无人直升机十字盘的调试 3. 会进行无人直升机主桨螺距的调试 4. 会进行无人直升机尾桨的调试 5. 会进行无人直升机试飞测试	1. 操作的准确性和规范性 2. 任务或项目技术总结完成情况 3. 专业技能任务完成情况				0.5	
创新能力	1. 在任务完成过程中能提出自己的有一定见解的方案 2. 在教学或生产管理上提出具有创新性的建议	1. 方案的可行性及意义 2. 建议的可行性				0.2	
合计							

班级：　　　　小组：　　　　姓名：　　　　指导教师：　　　　日期：